科学新导向丛书

U0635733

飞向太空：迎接宇航时代

姜忠喆◎编著

成都时代出版社

图书在版编目(CIP)数据

飞向太空:迎接宇航时代/姜忠喆编著. —成都
:成都时代出版社,2013.8(2018.8重印)
(科学新导向丛书)
ISBN 978-7-5464-0918-4

Ⅰ.①飞… Ⅱ.①姜… Ⅲ.①空间探索-青年读物②
空间探索-少年读物 Ⅳ.①V11-49

中国版本图书馆 CIP 数据核字(2013)第 140150 号

飞向太空:迎接宇航时代
FEIXIANGTAIKONG:YINGJIE YUHANG SHIDAI
姜忠喆 编著

出 品 人 石碧川
责任编辑 陈余齐
责任校对 张 巧
装帧设计 映象视觉
责任印制 唐莹莹

出版发行 成都时代出版社
电   话 (028)86621237(编辑部)
         (028)86615250(发行部)
网   址 www.chengdusd.com
印   刷 北京一鑫印务有限责任公司
规   格 690mm×960mm 1/16
印   张 14
字   数 270 千
版   次 2013 年 8 月第 1 版
印   次 2018 年 8 月第 2 次印刷
书   号 ISBN 978-7-5464-0918-4
定   价 29.80 元

前　　言

　　提起"科学"，不少人可能会认为它是科学家的专利，普通人只能"可望而不可即"。其实，科学并不高深莫测，科学早已渗入到我们的日常生活，并无时无刻不在影响和改变着我们的生活。无论是仰望星空、俯视大地，还是近观我们周围事物，都处处可以发现有科学之原理蕴于其中。即使是一些司空见惯的现象，其中也往往蕴涵深奥的科学知识。科学史上的许多大发明大发现，也都是从微不足道的小现象中生发而来：牛顿从苹果落地撩起万有引力的神秘面纱；魏格纳从墙上地图揭示海陆分布的形成；阿基米德从洗澡时溢水现象中获得了研究浮力与密度问题的启发；瓦特从烧开水的水壶冒出的白雾中获得了改进蒸汽机性能的想象；而大名鼎鼎的科学家伽利略从观察吊灯的晃动，从而发现了钟摆的等时性……所以说，科学就在你我身边。一位哲人曾说："我们身边并不是缺少创新的事物，而是缺少发现可创新的眼睛。"只要我们具备了一双"慧眼"，就会发现在我们的生活中科学真是无处不在。然而，在课堂上，在书本上，科学不时被一大堆公式和符号所掩盖，难免让人觉得枯燥和乏味，科学的光芒被掩盖，有趣的科学失去了它应有的魅力。常言道，兴趣是最好的老师，只有培养起同学们对科学的兴趣，才能激发他们探索未知科学世界的热忱和勇气。

　　科学是人类进步的第一推动力，而科学知识的普及则是实现这一推动的必由之路。在新的时代，社会的进步、科技的发展、人们生活水平的不断提高，为我们青少年的科普教育提供了新的契机。抓住这个契机，大力普及科学知识，传播科学精神，提高青少年的科学素质，是我们全社会的重要课题。

　　《科学新导向丛书》内容包括浩瀚无涯的宇宙、多姿多彩的地球奥秘、日新月异的交通工具、稀奇古怪的生物世界、惊世震俗的科学技术、源远流长的建筑文化、威力惊人的军事武器……丛书将带领我们一起领略人类惊人的智慧，走进异彩纷呈的科学世界！

丛书采用通俗易懂的文字来表述科学，用精美逼真的图片来阐述原理，介绍大家最想知道的、最需要知道的科学知识。这套丛书理念先进，内容设计安排合理，读来引人入胜、诱人深思，尤其能培养科学探索的兴趣和科学探索能力，甚至在培养人文素质方面也是极为难得的中学生课外读物。

21世纪是人类全面探测太空、深入研究宇宙的世纪，是交叉科学全面兴起的世纪。"迈向宇宙，走向太空"已经成为时代的声音。当代人类的太空探测和宇宙研究，重点是天文、物理和航天探测的结合，这是一个历史的跨越。这种完美的结合极大地推动了人类宇宙研究的进程，并刺激了与之相关科学的繁荣。《飞向太空：迎接宇航时代》一书提示的"太空科学"这个概念，相信在不久的将来会成为现代科学重要的一支。全书从基础宇宙知识、宇宙的奇思妙想、宇宙运用、探索宇宙等方面向读者展现了人类进军浩瀚宇宙的不懈努力！

阅读本丛书，你会发现原来有趣的科学原理就在我们的身边；

阅读本丛书，你会发现学习科学、汲取知识原来也可以这样轻松！

今天，人类已经进入了新的知识经济时代。青少年朋友是21世纪的栋梁，是国家的未来、民族的希望，学好科学是时代赋予我们的神圣使命。我们希望这套丛书能够激发同学们学习科学的兴趣，消除对科学冷漠疏离的态度，树立起正确的科学观，为学好科学、用好科学打下坚实的基础！

目　　录

第一章　航天器博览

第二章　空间站观光

第三章　探月新高潮

第四章　人造卫星显神威

第五章　宇宙艰难探索路

第一章

航天器博览

各种航空器和航天器

　　航空器泛指在大气层内飞行的飞行器，它们必须依靠空气产生上升和飞行的空气动力，其发动机利用大气中的氧气工作。目前世界上已经研制成功的航空器主要有飞机、滑翔机、直升机、扑翼机、旋翼机、飞艇和气球。

　　《中国大百科全书·航空航天卷》对飞机所下的定义是："由动力装置产生前进推力，由固定机翼产生升力，在大气层中飞行的重于空气的航空器。"因此，按此定义，无动力装置的滑翔机、以旋翼作为主要升力面的直升机以及在大气层外的航天飞机都不能称为飞机。然而在日常生活中，许多人都习惯地将热气球和飞艇以外的航空器泛称为"飞机"。

　　滑翔机是一种没有动力装置，重于空气的固定翼航空器。它可由飞机拖引辅助起飞，也可用绞盘车或汽车牵引起飞。滑翔机在上升气流中可像雄鹰展翅那样平飞或上升，专业人员把这种状态称之为"翱翔"。在无风情况下滑翔机主要依靠自身重力的分量获得前进的动力，这种损失高度的无动力下滑飞行的专业术语叫做"滑翔"。

　　直升机是一种由发动机驱动旋翼旋转而产生升力和拉力的航空器。

　　扑翼机是一种机翼能像鸟和昆虫翅膀那样扑动的重于空气的航空器。扑动的机翼既可以产生升力又可以产生向前的推动力。由于设计扑翼机所遇到的控制技术、材料和结构方面有许多一直未能解决的难题，所以，尽管从1930年就曾试飞成功过扑翼机模型，但它至今仍停留在模型制作和设想阶段。

　　旋翼机的旋翼没有动力装置驱动。它是在动力装置提供的拉力作用下前进的，迎面气流吹动旋翼如同风车一般旋转，从而产生升力。有的旋翼机还装有固定小翼面，由它提供一部分升力。

　　飞艇是一种有推进装置、可控制飞行的轻于空气的航空器。它是由一个巨大的流线型艇体、一个位于艇体下的吊舱、一个起稳定控制作用的尾翼和推进装置等组成的。它的飞行原理是将密度小于空气的氢气或氦气等浮升气体充入到艇体内的气囊中，借以产生浮力使飞艇升空。

　　热气球是一种无推进装置的轻于空气的航空器。它由巨大的气囊和吊舱组成。它的飞行原理是将密度小于空气的浮升气体（一般以氢气和氦气居多）充入气囊中，使热气球升空。

航天器泛指在大气层外的太空中飞行的各类飞行器。目前世界上的航天器主要有人造地球卫星、宇宙飞船、空间站、航天飞机以及空间探测器等。其中航天飞机是第一种跨大气层飞行器，既能在大气中飞行（滑翔），也能在太空中飞行。由于它主要活动于太空中，因而将其归于航天器之列。航天器种类繁多，用途各异，形状也千差万别。有的航天器不带主动力装置，有的则带有大型发动机。但大多数航天器为了保持轨道高度或特定姿态，往往带有许多个小型火箭发动机或高压氮气喷管。推力大者几吨力，推力小者几牛顿甚至几达因。除三台主发动机外，航天飞机还有各种小发动机49个，用于轨道保持、轨道变换、返回制动、姿态控制等。

　　人造地球卫星是一种环绕地球在空间轨道上运行（至少一圈）的无人航天器。按照用途的不同可分为科学卫星、技术试验卫星和应用卫星等三类。科学卫星用于科学探测和研究，主要包括天文卫星和空间物理探测卫星。技术试验卫星用于新技术试验或为应用卫星进行试验。应用卫星用以直接为军事或国民经济服务。应用卫星按基本工作特点可分为数据中继卫星、导航定位卫星和遥感卫星；按具体用途可分为通信卫星、气象卫星、环境监测卫星、导航卫星、侦察卫星、测地卫星、地球资源卫星以及截击卫星和多用途卫星等。

　　空间站又称为"轨道站"或"航天站"，它是可供多名航天员巡访、长期工作和居住的载人航天器。在航天站运行期间，可由载人飞船或航天飞机运送航天员的替换和设备物资，物资设备也可由无人航天器运送。

　　宇宙飞船又称"载人飞船"，是一种能保障宇航员在外层空间生活和工作，并能安全返回地面的航天器。宇宙飞船的容积较小，受到所载消耗性物资数量的限制，不具备再补给能力，运行时间有限，不能重复使用。

　　空间探测器是对地球以外的空间环境、月球、行星等天体以及宇宙进行探测的无人航天器。它包括太阳探测器、月球探测器、彗星探测器、行星探测器以及宇宙探测器（如美国的哈勃望远镜）。

　　航天飞机是一种往返于地球表面和近地轨道之间运送有效载荷的飞行器，它可以重复使用。通常由火箭推进，在轨道上运行时可在有效载荷和乘员配合下完成多种任务。返回地面时能像滑翔机或飞机那样下滑和着陆。

　　航空器和航天器都属于飞行器，火箭也是与它们并列的飞行器。火箭是一种靠火箭发动机喷射工质而产生反作用力推进飞行的飞行器。它自身携带全部推进剂，不依靠外部环境（如大气）产生推力或升力，所以既可以在大气层中飞行，也可以在大气层外的太空中飞行。根据推进剂和工质的不同，可将火箭可分为：化学火箭，它采用化学推进剂，如液氢和液氧、液氧和煤油等；电火箭，用电能加热工质产生高速喷射流；核火箭，用核能加热工质产生高速喷射流。按用途可将火箭可分成三大类：玩具火箭、探空火箭和运载火箭。

玩具火箭在中国古代就已有之。像儿童们喜爱的"地老鼠"、"蹿天猴"都属于玩具火箭。

探空火箭是将专门仪器设备发射到高空进行高空物理学、气象学研究和新技术试验的小型火箭。探空火箭是一次性使用的，它可采用固体推进剂或液体推进剂，可以是单级，也可以是多级。许多国家研制探空火箭已形成完整的系列，小的可发射几千米高，大的可发射到数千千米高。当探空火箭发射升空并达到最大高度后，装仪器设备的头锥部由降落伞回收。

运载火箭是将有效载荷发射到预定地点或轨道的大型火箭。有效载荷是爆炸物（弹头）的运载火箭称"火箭弹"（无制导）或"导弹"（有制导）。导弹的种类、型号极多。导弹可按多种特点分类，典型的一种分类方式是按发射点和目标点位置分类，包括地地导弹、潜地导弹、舰地导弹、岸舰导弹、舰舰导弹、地空导弹、舰空导弹、空空导弹。

如果火箭的有效载荷是人造卫星等航天器，则称为"航天运载火箭"或简称"运载火箭"。目前，美国、俄罗斯、欧洲、中国等都已研制并形成了从低轨道到高轨道、从小载荷到大型载荷的航天运载火箭系列。目前世界上已经研制成功的运载火箭最大能将120吨的航天器发射到近地轨道，能将48.8吨有效载荷送往月球。

航天飞机诞生记

20世纪80年代初期投入使用的航天飞机，是现代卫星和载人飞船技术、运载火箭技术、航空技术综合发展的产物，这种飞行器的设想已经存在很久了。早在20世纪初就有人提出过用火箭发动机做动力装置的飞机。第二次世界大战前夕，由于军事上的需要，法西斯德国曾将这一设想付诸实施，并于1941年研制成了"ME-163型"火箭飞机，时速可达1000千米。

第二次世界大战后，设计和研制可重复使用的火箭飞机的活动非常活跃，各国科学家和工程技术人员为了把火箭技术和航空技术结合起来，不仅探索和研究各种技术途径，而且还做了大量的设计和研制实验。

美国贝尔公司设计的"X-15型"火箭飞机曾进行过近200次的飞行试验，最大时速达到7300千米，最大高度为106千米，这远远超出了大气层的范围。这些研究工作，对于探索可重复使用的空间运输系统的技术途径，都做出了有益的贡献，甚至可以说，航天飞机的雏形就是"X-15型"火箭飞机。

20世纪60年代美国研制的"阿波罗"宇宙飞船等航天器所进行的载人太空飞行，以及轨道对接、宇航员进行舱外活动等一系列载人轨道飞行基本技术的掌握，为大型的载人空间运输系统的发展创造了条件，为其提供了雄厚的技术基础。

"阿波罗"登月计划耗资巨大，在它结束后，美国将大量的人力、物力、财力转移到新型空间运输系统的研制工作上来。1972年，当时的美国总统尼克松批准了预计耗资55亿美元的航天飞机研制计划。

美国的航天飞机制造历时10年，实际耗资达100亿美元。1981年4月12日上午7时，美国的第一架"哥伦比亚号"航天飞机在肯尼迪航天中心首次发射成功。航天飞机上载有两名宇航员。

航天飞机是一个庞大、沉重和复杂的系统。与以往的航天飞行器相比，航天飞机具有与其不同的特征。首先，航天飞机能像火箭一样垂直发射；其次，它能够像普通航天器那样在空中作机动和变更轨道的飞行；另外，航天飞机像普通飞机一样在机场滑跑着陆，经过维护修理后可再次使用，重复使用次数可达100次以上。

由于航天飞机的发射阶段和再次进入大气阶段速度低、过载较小，没有经过严格训练的人也能上天活动，所以航天飞机被认为是航天技术新阶段的标志。美国宇航局甚至宣称：航天飞机将逐步取代运载火箭。

航天飞机要比卫星大得多，复杂得多，要把这样一个航天系统发射到环绕地球的轨道上，在轨道上完成预定的任务，然后再安全返回地面，确实不是一件简单的事情，它需要解决一系列的关键性技术问题，如速度和推力，精确的控制导引系统，适当的空气动力外形和再入大气层的有效防热措施等。

航天飞机由助推级、轨道级、外接推进剂箱这三部分组成。助推级是平行安装的两台固体火箭发动机、轨道级是航天飞机的心脏，它可以载运重达30吨的负荷。它很像一架大型的三角翼飞机，一个很大的负荷舱居于其中部。

轨道级的外部是一层独特的隔热系统，可以防止在发射和重返时与大气摩擦积热使舱内温度升得过高。在它进入大气层时和大气摩擦产生的热量，可使表面温度达到几千摄氏度，隔热层的作用就是保持舱内温度不会发生剧烈的变化。

宇航员的座舱居于轨道级的前端，座舱是高度密封的，内有宇航员生活所需要的空气，舱内还有空气调节设备，使舱内的空气条件与地面上的大气基本一致，温度和湿度也保持适宜。飞行甲板位于座舱顶部，这里是控制中心。

航天飞机的座舱与喷气式客机的座舱相似，有舒适的座位，并有两套控制系统，能够使两人中的任何一人，在必要时能够单独负责飞行的一切工作。座舱的底甲板是机务人员工作的地方。另外座舱内还有厨房、进餐间、储藏室、卫生设备，还有密封舱，用来供宇航员到附近的外部空间进行活动。

航天飞机的推进级和轨道级都可以回收，只有盛推进剂的外接推进剂贮箱不可以回收。

接送空间实验室工作人员和物资是航天飞机的主要用途。除此之外还可以发放卫星，或把装配空间站的构件运上太空，还可以维修其他航天器进行，也可以用来作为发射星际探测器的中继站。

1981年4月12日上午7时，美国宇航局在佛罗里达州的肯尼迪航天中心成功试飞了第一架航天飞机——"哥伦比亚号"，由此揭开了人类宇宙航行的新篇章。

"哥伦比亚号"是在1977年研制成的的"企业号"航天飞机的基础上改进而来。"企业号"属于航天飞机的试验阶段，它没有推进级，实验时利用波音747客机将它"背"上天空，达到一定高度和速度后再将它放出，"企业号"脱离母机以后，在驾驶员的操纵下，自由飞行，并完成了一系列飞行动作，然后像普通飞机一样安全降落在机场跑道上。

"企业号"的飞行实验证明了航天飞机重返大气层在机场着陆是完全可靠的。但是由于财政困难及其他原因，哥伦比亚政府被迫终止了"企业号"航天飞机的航行计划。虽然"企业号"没能升上太空，却成了通向太空的铺路石，航天飞机飞向太空的日子已经为期不远了。

"企业号"没有完成的任务是由"哥伦比亚号"来完成的。首航当天有百万观众赶到发射基地，去观看"哥伦比亚号"的首航。4月12日7时整，"哥伦比亚号"像火箭一样竖直起飞，冲出大气层，进入了预定的环绕地球的圆行轨道，像飞船一样在轨道上进行无动力飞行。经过宇航员检查、试验，"哥伦比亚号"各项功能显示正常。

在飞行36圈、历时54小时30分后，"哥伦比亚号"航天飞船开始返航。宇航员开启动力装置，它开始脱离圆形轨道进入大气层，此时它的时速是8200千米，飞机头部因与大气高速摩擦，外表温度已经上升到1600℃。

美国爱德华空军基地派出了4架歼击机，在12000米的高空中排成方阵，给这位"天外来客"导航。"哥伦比亚号"平稳地降落在爱德华空军基地的跑道上。当两位宇航员神采奕奕地走下飞机时，几十万狂热的观众不停地向他们欢呼，为"哥伦比亚号"首航成功欢呼。

1981年11月至1982年6月，"哥伦比亚号"航天飞机又进行了三次试航，进行了多项科学研究活动，使其性能得到进一步的完善。1982年11月6日，"哥伦比亚号"进行了首次常规业务飞行，将两枚人造地球卫星送入轨道，从此开始了它的"商业生涯"。从此，航天飞机就登上了宇宙航行的历史舞台。

航天飞机大显身手

航天飞机一登上宇宙航行的舞台便大显身手，并在航天领域扮演着越来越重要的角色，各式各样的任务它都能执行。

卫星的施放

航天飞机可以将有效载荷送入地球环形轨道，不论是载人的还是不载人的。航天飞机轨道级的货舱可以放置一颗巨型卫星，或者5颗~8颗小卫星，如资源卫星、通讯卫星、气象卫星、导航卫星等。当航天飞机飞入预定轨道后，驾驶员将飞机调整到合适高度、姿态，按动按钮，卫星便被弹出货舱，进入轨道。由此可看出，从航天飞机上发放卫星是很简单的。

1981年11月11日，美国"哥伦比亚号"航天飞机进行第一次商业飞行任务，施放两颗通讯卫星：美国的"SBS－3"和加拿大的"安尼克－C"。1983年4月20日，美国的"挑战者号"航天飞机一次施放三颗卫星。这样简化了卫星的发射过程，使发射成本显著降低，并提高了发射精度。

空间实验室

以前做一项太空实验必须发射一颗卫星，实验完成后卫星或被遗弃在太空，或坠毁，造成了巨大浪费。因此在航天飞机设计时，就有人提议在航天飞机上设计一个空间实验室。这个实验室可以根据不同的太空实验任务携带不同的仪器，具有很强的适应性和灵活性。它和航天飞机一起起飞，一起返回，可以重复使用，只要更换其中的仪器设备，就可以做不同的实验。

空间实验室是和航天飞机连成一个整体的，在空间中它不可以单独存在，可以说是航天飞机的一个大配件。实验室工作人员可以在航天飞机的机舱内生活、休息，工作时由专门的通道进入实验室。实验室的电源、通讯等都与航天飞机共用。

空间实验室由实验舱和辅助舱组成，它是封闭的，可以根据不同的任务安装不同的设备，具备舒适的内部的工作环境。另外空间实验室还有一个直接暴露在太空的 U 形工作台，用来进行一些太空空间实验。空间实验室能够满足天体观测、对地观测、医学实验、生物学实验、物理化学实验、空间工业技术等各项科学研究工作的需要。

航天器的回收、检修

如果太空中的卫星上某个部件或某一系统发生故障，则将使整个卫星失效，被白白遗弃，造成很大浪费。这一问题得到解决还是在航天飞机成功飞上太空之后。

航天飞机可以调整自己的飞行轨道、速度、姿态，与发生故障的卫星交会，用机械手将卫星回收到舱内进行检修，然后再将卫星重新送入轨道，或者将卫星带回地面修理。

航天飞机这一特殊功能，改变了人造卫星的设计思路。原来卫星都是按每次具体任务的要求，对每个卫星进行单独设计，因此研制费用极高。现在提出了"多重任务组件式"的设计思想，这是一种积木式、多层复用的办法。在标准的机架上，有标准化的姿态控制、数据处理、电源、通讯等每个卫星必备的共用系统，另外有许多标准接口，根据每次任务的需求接上不同的设备，完成任务后航天飞机将其收回，将下一回任务所需要的设备更换上，再送入轨道，由此就成为一颗新的卫星。

1980 年 2 月 14 日，美国发射的太阳能峰年测控器，便是这种新式卫星，这颗价值 7700 万美元的卫星上天 9 个月后姿态控制系统便失灵了，飞行高度慢慢下降，美国便发射了航天飞机去营救这颗卫星。航天飞机先飞近这颗卫星，然后用机械手将它收回舱内，将损坏部件更换后，重新将卫星放回轨道，这颗卫星又能继续完成任务了。

修复"哈勃太空望远镜"更显示了航天飞机的本领。1997 年 2 月美国的"发现号"航天飞机的宇航员对"哈勃太空望远镜"进行了 5 次出舱修理工作。

航天飞机先飞行到"哈勃太空望远镜"的下部，然后伸出巨大的机械手抓住它并放在后部的平台上，宇航员走出机舱为它"医治"，给它换上了最先进的设备，并修补了断裂、剥落的地方。然后将其送回原来的轨道。这次维修工作用了 3.5 亿美元的费用，使价值 20 亿美元的"哈勃太空望远镜"返老还童，重新开始了太空观测的征程。

太空交通工具

航天飞机起飞时的超重仅为地面重力的 3 倍，返回时只有 1.5 倍，一般健康水平的人都可以乘坐，甚至妇女、儿童也是可以乘坐的。因此，航天飞机不仅可以为空间运送货物，接送往返于太空的各种科技人员，而且还可以向地球上的普通人开放，开展太空旅游业。人们可以到太空中漫游，有机会到太空领略一下地球的全貌，或去太空城市度假。

航天飞机一登上历史舞台，便大显身手，美国制造了"哥伦比亚号"、"挑战者号"、"发现者号"、"亚特兰蒂斯号"航天飞机。计划平均每年飞行 60 次。至今，"哥伦比亚号"仍活跃在太空，1996 年 12 月成功收回了一颗实验卫星。

现在世界许多国家都正在积极地研制航天飞机，在未来的航天事业中，航天飞机发挥的作用不可估量。

空 间 站

空间站，是一种长期运行在轨道上、具备一定试验条件、可供多名宇航员生活和工作的载人航天器，又称"航天站"、"轨道站"、"太空站"。空间站在轨道运行期间，接送宇航员、运送物资和设备是由宇宙飞船或航天飞机完成的。

空间站组成部分

一般来说，空间站的组成部分包含对接舱、气闸舱、轨道舱、生活舱、后勤服务舱、专用设备舱和太阳能电池等几部分。对接舱有多个对接口，其中一部分对接口用于停靠接送宇航员和运送物资的航天器，另一部分对接口为对接新舱体以扩大空间站做准备。气闸舱是宇航员在轨道上出入空间站的通道。轨道舱是宇航员在轨道上的主要工作场所。生活舱是宇舱员进餐、睡眠和休息的地方。后勤服务舱装有推进剂、水、气源和电源等设备，服务于整个空间站。专用设备舱是根据飞行任务而设置的安装专用仪器的舱体，它也可以是不密封的构架，用以安装暴露于空间的雷达和天文望远镜等仪器设备。太阳能电池安装在空间站舱体的外侧或桁架上，将电力提供给空间站。

空间站将航天技术应用、空间资源开发的范围和规模扩大化，对国民经济、军事和科学研究均有重大意义。已经实现的用途有：地球资源勘测和国土普查，医学和生物学研究，军事侦察和大地测量，微重力环境条件下生产新材料的试验，微重力环境条件下高效、高纯药物生产试验，以及天文观测等。

从"礼炮"到"和平"

1971 年 4 月 19 日，前苏联发射的"礼炮 1 号"，是世界上第一个试验空间站。

1973 年 5 月 14 日，美国发射了"太空实验室"空间站，它是利用"阿波罗登月计划"的剩余物资——"土星－5"号火箭第三级——改造而成，是第一个实际投入并长期使用的空间站。在完成使命后，"太空实验室"于1979年7月11日坠入大气层烧毁。

1977年9月29日发射的"礼炮6号"是前苏联的第一个实用型空间站，它有两个对接口，可同时与两艘飞船对接，组成轨道联合体。1982年—1991年间在轨道上运行的"礼炮7号"空间站，接待过11批共28名宇航员。

在"礼炮"系列空间站的成功经验基础上，前苏联于1986年2月发射了"和平号"空间站核心舱，它有6个对接口，两个用于对接运输飞船，4个用于对接其他专用舱体。立后，对"和平号"边使用边扩展，直到1996年4月，"和平号"最后一个舱段完成组装。此时的"和平号"是一个总重116吨（包括一艘"联盟TM"飞船）、总容积470立方米的庞然大物。但由于资金缺乏、维护欠佳，"和平号"事故不断。世纪之交，俄罗斯一度准备让"和平号"空间站的轨道逐步降低，一直降到402千米的高度，然后由地面控制中心向它发送最后的指令，进入地球大气层自毁。没有烧毁的空间站部件将安全地坠入太平洋中。

国际空间站

国际空间站是由美国牵头，包括俄罗斯、日本、加拿大、巴西和欧洲航天局的11个成员国共16个国家联手筹建，是世界航天史上第一次由多国合作建造的最大的空间工程，它又名"阿尔法空间站"。

国际空间站可为21世纪的太空提供一个前所未有的研究场所，是一个长期运行的在轨实验室。空间站将建成载人航天基地、空间工厂和空间试验中心，用于人造卫星的修理，高轨道卫星的发射和作为月球及行星探测器的中转基地，空间电站建设的后勤基地，新材料、新药物等的试验和生产基地，空间武器的试验基地和空间作战的指挥中心。国际空间站将成为人类在太空的前沿阵地，成为人类开启太阳系之门的钥匙。

国际空间站

建在宇宙空间的实验室——空间站

空间站是整个航天体系中的重要组成部分。它是一个大型的、载人的、能在太空长期运行的人造卫星，是环绕地球运动的半永久性空间基地。空间站可以接送来往的人员和物资，并担负通信任务；可以对其他航天器进行后勤保障、维修与保养；可以作为发射平台，把新的人造天体送入太空；也可以利用太空的特殊环境进行科学研究，进行材料加工，完成对地监测、资源勘查、天气预报以及天文观测等任务；还可以与其他航天器在太空对接，组合成更大的轨道联合体，为宇航员在太空长期工作和生活创造良好的条件。

空间站的用途十分广泛，鉴于太空中的高真空、高纯净、微重力和高位置，它在科学研究、国民经济和军事上都有重大价值。

1971年，前苏联首先将世界上第一个空间站——"礼炮1号"——送上了轨道。不甘落后的美国也在1973年发射了天空实验室空间站。截至2000年底，已经有9个空间站先后遨游在太空，先后有190多位宇航员在空间站上生活和工作，成为名副其实的航天人。

美国"天空实验室"提前坠毁之谜

　　1979 年盛夏，时值国门刚刚打开，一条紧急通知盛传在神州大地上：有一个离轨的外国航天器将于几日内坠毁，并有可能坠落在我国境内，要求大家密切注意情况，并协助保护好现场云云。没过几日，这位"不速之客"终于在南印度洋和澳大利亚西部地区人烟稀少的地区坠落，时间是"7 月 12 日"。它就是红极一时的"天空实验室"。"天空实验室"是美国建造的大型载人轨道空间站，它于 1973 年 5 月 14 日发射，曾先后接待了 3 批 9 名宇航员，考察了长时间的空间飞行对人体心理和生理的影响，探测了太阳、彗星的种种奥秘，拍摄了 2000 多张地球资源照片，在取得累累硕果后，于 1974 年 2 月停用。由于它位于空气十分稀薄的 435 千米的高空，预计可运行到 1983 年，而结果却提前 4 年坠毁了。这是为什么呢？原来是太阳黑子在作怪。也许设计者疏忽了这一点：1983 年前要遇到一次太阳黑子高峰年。此时，由于太阳黑子活动的加剧，导致整个地球大气层上涨，这样，"天空实验室"的轨道就陷入较为稠密的大气之中，因此它很快就因精力衰竭而"夭折"。

"哈勃空间望远镜"的修复

"哈勃空间望远镜"是最先进的天文望远镜，重 12 吨，运行在高 587 千米的地球轨道上。在 1990 年被送入太空后，发现由于制造失误，导致望远镜的成像模糊，太阳能电池板也有故障，使得"哈勃空间望远镜"的作用没有完全发挥出来。

1993 年 12 月 2 日至 13 日，美国"奋进"号航天飞机上的 7 名宇航员进行了艰难的太空操作，将"哈勃空间望远镜"成功地修复了。宇航员操纵航天飞机上的机械臂，将"哈勃"拉进货舱，并固定住。修复"哈勃"是在敞开的货舱中进行的，需要宇航员以太空行走来完成。宇航员分为两组轮流到平台上工作，为"哈勃"更换了 11 个部件，共在太空中行走了 5 次，在开放的空间共逗留 35 小时 28 分钟，创造了航天史上的新纪录。

这是人类首次在太空中修复大型航天器。对于远征火星或其他航天活动来说，在太空中修复和组装航天器具有特殊的作用，在航天技术上的意义重大。

哈勃空间望远镜

航天史上的杰作——国际空间站

　　国际空间站是已经开始动工建造的、迄今为止最大的航天器，是航天史上最伟大的杰作，反映了当今人类航天技术的实力和水平。

　　国际空间站采用桁架式结构，其结构之复杂和规模之大令人不可思议。它在长达 108.5 米的桁架上安装有太阳能电池帆板和散热器，其中心部分是由美国制造的居住舱、实验舱。此外，还有俄罗斯制造的服务舱、研究舱和太阳能电池帆板，日本的实验舱、欧空局（欧洲空间局）的哥伦布轨道设施和加拿大的移动服务系统。空间站宽度达 88.4 米，几乎有一个足球场那么大，相比较而言，与其对接的航天飞机犹如一个足球。国际空间站重 472 吨，太阳能电池帆板面积为 4000 平方米，覆盖的面积超过两个足球场，当它划过夜空时，将像钻石般晶莹剔透，可以用肉眼直接看到。

　　国际空间站的部件有 100 多个，需要多次发射升空，并在太空将它们组装起来。预计美国航天飞机和俄罗斯运载火箭共需发射 45 次，宇航员要进行 1100 小时舱外活动，因而其技术难度和风险是巨大的。建成后，空间站上可居住 6 名～7 名宇航员，可以在太空运行 10 年。它的轨道平均高度为 350 千米，运行时速为 2.8 万千米，绕地球一圈只需 90 分钟，运行期间可看到地球总表面积的 85%。

　　国际空间站的建站计划长达 10 年，分为三个阶段：1994 年到 1998 年 6 月为第一阶段，主要是完成技术攻关和建站的一系列准备工作；1998 年 6 月至 1999 年 6 月为第二阶段，进行主要装置的发射，核心部分的建成，可具备 3 名宇航员在轨工作、开展科学研究的能力。此阶段共需进行 15 次发射；1999 年 7 月到 2003 年 12 月为第三阶段（后推迟到 2006 年），这阶段将全面完成所有装配任务，将美、俄、加、欧空局、日制造的各种舱段和桁架结构按顺序发射并组装起来，具备 6 名～7 名宇航员在轨工作的能力。此阶段共需发射 30 次。建成后，它将真正成为太空研究试验机构。

第一个空间站——"礼炮号"空间站

载人飞船进入太空，这无疑是人类在载人方面取得的一项辉煌成就。但是，由于载人飞船内部空间相当有限，只能乘坐 1 名~3 名航天员，狭窄的舱里没有多余的活动余地，因而很难进行更多的观察科研和生产等活动。因此，科学家们设想在太空建造一个内部空间较大的能在轨道上长时间飞行的工作站，这样，航天员就可以像地面的实验室那样从事科学研究，像地面的车间那样从事加工生产，可充分地发挥人的因素，从事军事活动。因此，20 世纪 70 年代初，前苏联载人航天的重点转向了空间站。

世界上第一个空间站是前苏联于 1971 年 4 月发射的，取名为"礼炮 1 号"。它重约 18 吨，长约 14 米，最大直径 4.2 米，飞行轨道近地点 219 公里，远地点 275 公里，倾角 51.6°。"礼炮号"由轨道舱、对接舱和服务舱这三大部分组成。轨道舱类似于由直径分别为 3 米和 4 米的两个圆筒拼在一起，航天员们在这里进行工作、用餐、休息和睡眠。舱内保持着与地面相同的小气候环境，舱内的地板、天花板以及周围的墙壁漆成了不同的颜色，这是为了有利于航天员区别方向时作参考。"礼炮号"在太空长期运行时，航天员的更换和所需消耗物资的补充分别由"联盟号"和"进步号"天地往返运输器承担，因此，"礼炮号"的对接舱是供"礼炮号"与"联盟号"和"进步号"在太空对接时用的，也是航天员进出空间站的出入口。如"礼炮 6 号"的对接舱设有两个对接口，既可同时与两艘"联盟号"飞船对接，也可用一个接口同"联盟号"对接，另一个供停靠"进步号"飞船用。"进步号"无人运货飞船是专为空间站运转货物而研制的，其实是"联盟号"飞船的改良，它长 8 米，直径 2.2 米，由运货舱、燃料舱和工作舱三部分组成，一次能运货 2.3 吨，包括燃料、食品、水和氧气等必需品。当"进步号"升空与空间站对接后，自动将货物卸下，并将空间站不再需用的物品装上后自动脱离空间站，其中运货舱与燃料舱在进入大气层后烧毁，只保留工作舱继续留在空间站。

"礼炮号"空间站分为科学研究型和军用型两种。科学研究型的主要任务是完成天体物理学、航天医学、生物学等方面的广泛研究，考察地球自然资源和进行长期失重条件下的科学实验。军用型的主要是进行高空照相侦察以及高能武器的可行性实验研究等。自1971年4月至1982年4月，前苏联共发射了7艘"礼炮号"空间站，其中军用型空间站有：1973年4月3日发射的"礼炮2号"（即"钻石－1号"）1974年6月25日发射的"礼炮3号"（即"钻石－2号"）和1976年6月22日发射的"礼炮5号"（即"钻石－3号"），其余为科学研究型空间站或军民结合型空间站。

军用型空间站是由前苏联切洛米伊设计局负责研制的，它属于绝密的"钻石计划"。在空间站的工作舱里装有口径达1米的专用侦察照相机，所拍照片是装在特制的密封盒里由运输飞船带回地面。工作站内装的计算机等操纵设备，研究新式武器的一些秘密装置和探测太空环境的望远镜等等，全部都是当时最先进的。除此之外，还装备了当时最完备的防御开武系统。在空间站内工作的人员全部是军事专家，每个空间站的有效使用期为1年~2年。

科学研究型空间站则是由科罗廖夫设计局负责研制的，在发展初期并不顺利。1971年4月19日，由卡拉廖夫设计局负责研制的"礼炮1号"成功地进入轨道，3名航天员在太空逗留24天，创造了新的世界纪录。但是，不幸的是，6月30日在返回途中，当他们发动下降的制动火箭时，因返回舱的一个阀门密封件失灵，舱内空气在极短的时间内大部分漏走，导致航天员全部窒息而亡。1977年9月发射的"礼炮6号"和1982年4月发射的"礼炮7号"，在技术上有较大改进，大大提高了安全性和可靠性。从"礼炮1号"至"礼炮5号"，每个都只有一个接口，而"礼炮6号"、"礼炮7号"各有两个接口，即它们的前后轴向各有一个对接口。这两个空间站都多次与"联盟号""联盟T号"及"进步号"飞船顺利对接。"礼炮6号"共接待了16批乘员，"礼炮7号"接待了21共批乘员，这些乘员他们各自肩负使命，在太空多次进行载人对地观测、天文观测和与天气预报有关的高层大气和红外辐射观测，开展了微重力条件下的空间新型合金等材料生产、金属熔化过程的研究和空间焊接，还进行了小球藻的培育、乘员心血管系统的观测等研究。1984年7月17日，前苏联

礼炮6号

女航天员萨维茨卡娅乘坐"联盟 T－7 号"飞船进入"炮礼 7 号"工作了 8 天。她同另外几位男航天员共同开展了科学实验活动。7 月 25 日，她随指令长扎尼别科夫步出舱外，顺利完成了切割、焊接、喷涂等复杂操作任务，共进行了 3 小时 35 分钟的舱外作业。她不仅创造了妇女在太空行走的纪录，而且她在这次飞行后不久完婚，1986 年 10 月喜得贵子，这表明太空生活对妇女生育并无根本性的影响。"礼炮号"的一系列活动表明，人类在太空中具有有效生活和工作的能力，人在环绕地球的轨道上，能从事探测、研究、生产和维修等各种有意义的活动。作为最早发射空间站的国家，前苏联不仅开创了航天史上载人空间站的新时代，还曾相继创下航天员在太空持续生活 75 天、96 天、140 天等一系列世界纪录。

让航天器稳定的高招

你知道吗？在太空中，一个航天器要始终保持一种特定的"姿势"，在某个轨道上运行，或是"固定"在太空的某个位置上。这其实是十分困难的。

太空中没有"风"吹，没有"人"去推，航天器为什么还会自己"开小差"呢？其实，太空中的引力不均匀、残留的大气和空间微小颗粒的碰撞，都会使航天器处于不稳定的状态。

为了让航天器处于一种稳定的状态中，科学家们干脆让航天器像陀螺那样旋转起来。我们知道，凡是高速转动的物体，都有一种保持转动轴方向不变的特性，这叫做"自旋稳定性"或"定轴性"。

玩过陀螺的人都知道，陀螺可以长时间地围绕它的转轴旋转，如果没有空气的阻力和转轴与桌面的摩擦力，理论上，陀螺可以非常稳定地围绕转轴永远旋转。人们模仿陀螺制成了陀螺仪，它就是利用陀螺高度稳定的定轴性，可以测出微小位置的变化。

在太空中，航天器受到的空气阻力很小，且又没有摩擦力，所以让航天器像陀螺那样旋转，可以十分经济有效地使航天器保持稳定的定向，并且这种自旋稳定还具有较强的抗干扰能力。

自旋稳定的优点是操作简单，不消耗能源。许多航天器都采用自旋稳定，而且它们的形状与矮圆柱形类似，呈轴心对称，这就可以避免出现自转轴的周期性微小变化。当然，一些形状不规则或不呈轴心对称的航天器，就不能采用自旋稳定来保持状态的稳定。

航天器的太空姿态

航天器在太空中要保持正确的姿势吗？是的，这是航天器在执行任务时，要满足的最基础的条件。

航天器都是为了执行一些特定的任务才进入太空的。有的要对宇宙中的某一个天体进行观测；有的要监视地球的某个地域；有的要在空中对地球进行多地点的无线电转发，等等。许多航天器还装有大面积的太阳能电池板。如果把航天器上的各种探测仪器的传感器比作眼睛，把航天器上向地面传送信息的天线和接受太阳能的电池板比作耳朵，那么，航天器的"眼睛"和"耳朵"只有同时对准各自特定的目标，航天器才能做到"耳聪目明"。即航天器的"眼睛"和"耳朵"带有明显的方向性。

如果本来应该对准地球的传感器却面朝太阳，本来要对准太阳的太阳能电池板却背着太阳，处在阴暗面，那么，辛辛苦苦发射到太空的航天器就不能正常工作，与一堆废物无异。举个例子，如果某颗负责电视转播的通信卫星的姿态发生了较大的误差，那么地面上成千上万的定向卫星电视接收天线将收不到电视信号。

因而，航天器要时刻注意姿态控制，使自己的"眼睛"和"耳朵"始终对准目标。值得注意的是，一些执行复杂任务的航天器，还要准备随时由一种姿态转到另一种姿态的转变。

"太空修理工"

　　飞机、汽车等会发生故障，同样，航天器也会出现各种各样的毛病。那么，远在地球上空 400 千米～500 千米处飞行的"患病"航天器可以对其进行维修吗？回答是肯定的，可以派航天飞机去修。

　　航天飞机本身就是绕地飞行的航天器，它所处的高度和速度与那些出了问题在轨道上游荡的航天器几乎相同，加上它又具有能改变自己绕地轨道的轨道机动辅助发动机、控制飞行姿势的反作用控制发动机、抓取卫星的遥控机械手等精良设备，所以它就有可能飞到那些发生故障的航天器旁边对其进行修理。

　　1984 年 4 月，美国"挑战者号"航天飞机首次在空间绕地轨道上，捕获并修复了一颗名叫"太阳峰年"的观测卫星。

　　"太阳峰年"卫星是美国于 1980 年 2 月发射的，用来监测 1980 年太阳活动峰年中太阳表面耀斑的活动情况。同年 11 月，这颗卫星上的姿态控制装置和 3 台电子观测仪器突然失灵，接着又从 540 千米高的轨道上逐渐下降到 480 千米高的轨道上，并有可能坠落于地球大气层焚毁。

　　"出诊"的航天飞机，花了约 4 个小时的时间，飞到距卫星约 60 米的地方。随机"出诊"的航天员穿好舱外航天服，背上一具装有喷气推进器的背包式生命维持装置，离开机舱。航天员借助于喷气推进器喷出的气流在太空"行走"，缓慢地"走"向 5.4 米高的六角形卫星主体。但因卫星自转速度太快，每 6 分钟自转一周，使处于失重状态下的航天员无法用手里的 1.2 米长、雨伞状的捕捉杆插入卫星体上的火箭发动机喷口。于是请地面卫星控制中心对"太阳峰年"卫星上的电脑发出减慢自转速度和保持稳定这两个指令，再用航天飞机的机械手的"手指"插进卫星体上的火箭发动机喷口，才把卫星牢牢地拴连在机械手上，拉回来放到航天飞机敞开的货舱内特设的修理台上，用新的零部件替换下了卫星上损坏了的姿态控制装置和一台日冕观测仪的电源部分，修理了硬 X 射线成像分光计以及软 X 射线多色仪。航天员完成全部工作用时接近 200 分钟。最后由航天飞机调整自己的飞行高度，升高到"太阳峰年"的原来绕地运行轨道上，再通过机械手把修复好的卫星推向太空。

　　1992 年 5 月 14 日，美国"奋进号"航天飞机将一颗两年前发射的"国际通信卫星 6 号 F3""救"了回来，这颗卫星因火箭发动机故障而未进入预定轨道。航天员给这颗卫星安装了一个新火箭发动机，直接将它弹射入太空，使它进入预定轨道。这颗价值 1.57 亿美元的卫星终于得以重新"工作"。

1993 年 12 月，美国"奋进号"航天飞机对哈勃望远镜进行了修理。哈勃望远镜升空以后，科学家发现它发回的图像模糊，没有达到预期的效果。查其原因，原来它的主镜被磨坏了一点。以后又发现它的太阳能电池板出了问题，计算机的数据存储器也相继失灵。

于是，"奋进号"的机械手把"哈勃"抓进了航天飞机，航天员为它更换了零件，并安装了一个新型的行星照相机等。经过 7 天的修理后，修复后的哈勃望远镜比修复前分辨率大大提高，可见到暗 10 倍～15 倍的天体。

这些全部都得归功于"太空修理工"。

航天飞机的"防热衣"

　　航天飞机是运载火箭、宇宙飞船和飞机巧妙的综合体。它在发射时，像火箭一样垂直起飞；进入轨道后绕地球飞行，像一艘宇宙飞船，并有与其他航天器机动对接的能力；返回地球时，又像一架滑翔机在传统的飞机跑道上降落。对于使用一次就"报销"的运载火箭和宇宙飞船来说，航天飞机可以重复使用上百次，不得不说是航天技术一个重大的飞跃，被公认为20世纪科学技术最杰出的成就之一。

　　作为天地往返的运输系统，航天飞机能像飞机那样平安、完整地返回地面，这就是航天飞机最为高明之处，从而实现了航天器的反复利用，这就大大降低了航天活动的成本。

　　然而要使航天飞机飞回来并不是件轻松的事，关键难题就是防热。

　　虽然航天飞机具有三角形机翼和垂直尾翼，使它在大气中飞行时能够具有良好的稳定性和操纵性，像一架飞机一样飞行自如，但当它从地球轨道返回地球时，会以极快的速度（接近30倍音速）冲入大气层，机身表面将跟空气发生剧烈摩擦，使表面温度急剧上升，这就是所谓的"气动加热"。加热将会造成铝合金制成的机身立即熔化的后果，因为铝合金的熔点只有660℃。因此，科学家不得不给飞机穿上一件特殊的"防热衣"。

　　最高的温度是在机头和机翼前缘那里，可以达到1600℃左右，就给它"穿"上一层耐高温的石墨纤维复合材料"外衣"，以保护铝合金不被烧熔。在机身和机翼的上表面，温度大约是650℃～1260℃，这些地方就"穿"上一层由2万块左右耐高温的陶瓷瓦拼成

火箭发射

的阻热层。陶瓷瓦每块15厘米见方，2厘米~6厘米厚。在机身的侧面和垂直尾翼的表面，温度相对来说较低，只有400℃~650℃。这些地方只需稍加保护，"穿"上7000块另一种规格的陶瓷瓦。这种陶瓷瓦每块20厘米见方，0.5厘米~2.5厘米厚。其他的部位最高温度不会超过400℃，"穿"上一层涂有白色硅橡胶的纤维毡即可，而不需去使用前面那种分量较重、价格昂贵的陶瓷瓦来做防护衣了。

但是，要把这2.7万多块陶瓷瓦贴上飞机表面，也并非易事。虽然陶瓷瓦的尺寸大部分是相同的，但也有少部分是根据飞机机身的特定部位而定制的。每块瓦上都预先标好号码，对照工艺图纸，一一"对号入座"，用黏胶贴上去。由于陶瓷瓦非常容易碎裂，因此工人们粘贴时务必小心翼翼、轻手轻脚，"慢工出细活"。美国第一架航天飞机，为粘贴防热瓦足足耗费了一年的时间。后来采用了粘贴机器人，粘贴陶瓷瓦的速度才加快了许多。

从电视上我们能看到，航天飞机在机场上着陆时，尾部会打开一顶巨大的降落伞，这是为了使航天飞机更快地停下来，以便机场跑道的长度不需要设计得特别长。

宇宙飞船和航天飞机有何区别

虽然宇宙飞船和航天飞机都同属于载人航天器，它们都能保障航天员在太空中生活和工作，并最后平安地返回地面。但是，它们之间还是有所区别的。

先来说宇宙飞船吧。宇宙飞船实质上就是载人的卫星。既然是卫星，它就有许多与卫星相同的系统，除结构、能源、姿控、温控外，还有遥控、遥测、通信、跟踪等无线电系统。由于是载人的，因而也有与卫星不同的系统，包括应急营救、返回、生命保障等系统，以及交会雷达、计算机和变轨发动机等设备。

一般来说，宇宙飞船的组成有三大部分：一是返回舱，除供航天员乘坐外，也是整个飞船的控制中心；二是轨道舱，这里装备有各种实验仪器和设备，是航天员在太空的工作场所；三是服务舱，装备有推进系统、电源和气

宇宙飞船

源等设备，对飞船起服务保障作用。由于宇宙飞船源于卫星，其体积和重量都不能很大，船上只能携带有限的燃料和生活用品，因此飞船每次只能乘载2名~3名航天员，在太空中也只能停留短短的几天。

在20世纪60年代至80年代，前苏联和美国研制了好几种宇宙飞船，把航天员送上了地球上空甚至到达月球。时至今日，俄罗斯的"联盟号"宇宙飞船仍在服役使用。

再来说说航天飞机。航天飞机的外形类似普通大型飞机，由机头、机身、机尾及两个三角机翼、垂直尾翼这几个部分构成。机头是航天飞机的驾驶舱，航天员在这里控制飞机的飞行。机身是飞机的大货舱，犹如一节火车厢那样大，货物可装20吨~30吨，机械手可伸到15米远的地方，把十几吨的卫星抛入太空，或把在太空有故障的卫星捉住，送入货舱。机尾是航天飞机的主发动机。它们两侧有两个对称细长的固体燃料助推器，下方还有一个巨大的楔形推进剂外储箱。航天飞机垂直发射起飞，上升到一定高度后，卸掉使用过的助推器和外储箱，靠主发动机进入近地轨道。任务完成后重返大气层，像飞机一样滑翔到预定的机场。助推器坠落在洋面上，可回收再使用20次。且航天飞机返回地面后，经过检修也可重复使用达100次。

从1981年至今，美国已有五架航天飞机在太空遨游，完成了95架次的飞行。它的每次航行，最多可载8名航天员在太空停留7天~30天。

通过简单地介绍了宇宙飞船和航天飞机，我们可以知道，宇宙飞船是一次性使用的，乘员少而且飞行时间短；而航天飞机是可重复使用的，相对于宇宙飞船，它的乘员更多，而且在太空中的时间更长，因此可以在太空中做的事情也较多。

能发射和回收卫星的航天飞机

　　航天飞机的用途有很多，其中发射和回收卫星，是它的重要使命。

　　太空中的人造卫星有成百上千颗，它们无时无刻地不在为为人类服务。但要把卫星送入太空，不是一件容易的事情，通常是采用多级运载火箭来发射。制造一枚运载火箭，从试验研究、设计制造到装配发射，不但耗费的时间颇长，还要耗费大量的人力、物力和财力。一枚大型运载火箭，价值都在几千万美元以上。不过运载火箭只是一种一次性使用的工具，这让人最为遗憾。一旦把卫星送入轨道后，它自身的一部分会变成"太空垃圾"长留于太空，其余部分则坠入大气层化为灰烬。要发射一颗卫星，就要制造一枚火箭，有时为保险，还要制造备用火箭。这需要的代价实在是太大了，因此，就是一些富有的航天大国也不堪负担，时时去寻找新的出路。

　　航天飞机的出现，为卫星的发射开辟了新的路径。因为它运行在近地185千米～1100千米的轨道上，那里几乎没有重力，因而施放卫星只需要比地面上小得多的推力就行了。加上航天飞机有高达30吨的运载能力，完全可以

航天飞机

把各种大小的卫星先装入机舱，带到太空中再发射。这就好比把地面的卫星发射场，搬到了太空中的航天飞机上。从航天飞机中将卫星弹射出来后，再让卫星上的发动机点火工作，将卫星送入预定的位置。

科学家曾算过一笔账，由于航天飞机可以多次重复使用，用航天飞机发射卫星的费用，比用火箭发射的一半还要少，你看这多划算。

同样的道理，航天飞机也可以在低地球轨道捕捉和修理失效的卫星。太空中那些昂贵的卫星，有时也会突然损坏，或未能进入预定轨道，或因"服役"期满而停止工作。那些因某个零部件损坏而不能工作的卫星，让其在太空中"游荡"，实在是很大的浪费。此时，航天飞机利用机动飞行，去接近卫星，实行"上门服务"，就地"诊断修理"。有些卫星实在无法修理，就带回地面检修。这些"绝活"，绝非是运载火箭所能干得了的。

1984 年，"挑战者号"航天飞机在太空中，首次修理好了"太阳峰年号"太阳观测卫星，开创了航天飞机修理卫星的先河。1993 年和 1997 年，又有航天飞机两次在太空中修理哈勃望远镜，使它更加"眼明心亮"。我国长征火箭发射的第一颗卫星——"亚洲一号"通信卫星，也是 1984 年航天飞机从太空中回收下来的美国"西联星 6 号"通信卫星，它因末级发动机故障而未能进入轨，在太空中闲置了大半年。

用航天飞机来发射和回收卫星，开创了航天器应用的一个新时代。

太空对接

　　汽车要进站，轮船要进港，那么航天飞机和宇宙飞船的"港湾"是哪呢？就是空间站。

　　空间站通常建在近地轨道上。1971年—1982年，前苏联向太空发射了7座名为"礼炮号"的空间站；1973年，美国发射了一座名为"天空实验室"的空间站；1986年，前苏联又发射了"和平号"空间站。目前，美国、俄罗斯、日本、加拿大、巴西和欧洲空间局的11个成员国，正共同筹建世界航天史上的最大航天工程——国际空间站。

　　科学家建立这些空间的港湾的目的就是进行生物医学、天体物理、天文观测和建立太空工厂。因此，有许多科学家必须在空间站里工作一段时间，空间站里的设备需要维修，给养需要补充，人员需要更换……这些工作都由

航天飞机

航天飞机和宇宙飞船来负责。当它们来到空间站的时候，由于太空的险恶环境，不能如同汽车进站和轮船进港一样简单，这需要进行太空对接。

1995年6月，美国的"阿特兰蒂斯号"航天飞机和俄罗斯的"和平号"空间站在太空首次对接成功。质量为100吨的航天飞机和质量为124吨的空间站，在缺乏重力的太空环境下对接，哪怕只是一个微小的失误都可能导致相互碰撞而失败。因此，对接的过程十分缓慢，它们的相对速度大约是2.5厘米/秒。对接系统采用了两个圆环构成的双重结构，上层圆环可以缩进，装有3个花瓣状的挂接机械；下层是基座，装有12组挂钩和插销。

经过在太空不断纠正航线，两个庞然大物终于衔接在一起，这时机械弹簧锁把它们锁住。90分钟后，对接口通道内灌进了加压空气，航天飞机和空间站的舱盖才打开，航天员们终于相会在一起，相互握手，欢呼对接成功。1995年11月，"阿特兰蒂斯号"航天飞机与"和平号"空间站第二次对接，为建立国际空间站做准备。

1998年12月6日，由美国"奋进号"航天飞机携带上天的"团结舱"——国际空间站的一个部件，与俄罗斯的"曙光舱"完成了对接。这次对接完成了国际空间站的第一期拼装工程，形成了国际空间站的核心。

"曙光舱"和"团结舱"实施对接之后，使航天员完成了国际空间站两个太空舱之间的40对电气接头的连接工程，从而使电力和数据可以流动在两个舱之间。

1999年5月，美国"发现号"航天飞机又载着7名航天员前往国际空间站，它们为国际空间站运送的各种物资达1630千克，包括计算机、急救药箱和一台建筑用的起重机，供组装国际空间站的需要。

这一次对接，安排在航天飞机和空间站均从俄罗斯地面站上空飞过的时候，计算得十分精确，且对接也如期完成了。

空天飞机

随着世界新技术革命的发展和不断应用，在航天技术领域中又将出现一个更大的飞跃。

人们一直在考虑可不可以将航空和航天的优点集合起来，研制成一种低成本的运输工具。它既能从机场跑道起飞，又能以高超音速穿越大气层进入宇宙空间，任务完成后，再进入大气层，在机场水平着陆，经过简单的维修后，又可重新踏上"旅程"，飞向太空。这种既有高超音速运输机功能，又具有天地间往返运输系统功能的有翼飞行器，被称之为"空天飞机"。

早在20世纪三四十年代空天飞机的设想就已产生。50年代我国著名科学家钱学森教授曾提出航天技术和航空技术相结合的思想。1986年2月5日，当时的美国总统里根在一次大会演说中宣布：美国将研制一种新型的航天飞机——国家航空航天飞机，简称"空天飞机"。此后，美国正式成立了"国家航空航天飞机计划局"，空天飞机的研制工作随之开展。

不久，英国、法国、日本等都相继提出了空天飞机计划，一时间，全球掀起了一股"空天飞机热"，引起了人们的普遍关注。

专家们认为，把航空技术领域和航天技术领域的精华有机地结合起来，成为一个航空航天一体化的最新高技术密集体，在航天飞机的基础上加以改进和提高，发展为一个更为高级的航天器，前景极为诱人。

未来的空天飞机用途更广泛，灵活性更高，维修使用更加简便，运载费用也更低廉，因此，空天飞机被誉为为"21世纪的太空穿梭机"。

发展空天飞机需要许多先进高技术。难度很大，而且研制经费高，风险大。但人类总是要前进的，这些先进的科学设想最终将会实现。到21世纪的时候，人们将会乘坐上这种崭新的空天飞机，从地球的一端起飞，进入太空轨道，领略一番太空的神奇景色，然后返回大气层，可以在任一机场降落，如同今天的旅游航班一样方便自如。

空天飞机采用航空喷气发动机和火箭发动机两种推进系统，它可以方便地往返于天地之间，是"空"与"天"的完美结合。它的性能异乎寻常，最高时速达3万千米，可绕地球无动力飞行；飞行高度由零高度可直达200千米以上；起降方便，不受发射地点和天气的限制；维修简便，不必再像航天飞机那样飞行一次需要检修三个多月，临发射还要出动 7000 人的保障大军为之准备。飞行后检查和准备也很容易；结构巧妙，彻底抛掉了大包袱似的外储箱和助推器等外挂物，轻装上阵，便捷迅速；一机多用，既可载人又可载物，又可无人驾驶入轨与空间站对接；发射费用低廉，是航天飞机的 1/10，而且不需要规模庞大、设备复杂的航天发射场。

空天飞机是世界航天史上第一次把航空发动机引入航天领域，充分利用大气能源，从根本上改变了航天运载器只采用火箭的推进模式，从而将引导航空航天技术领域内的一场革命。

1983 年，美国空军投资 60 万美元委托有关科研单位研制"跨大气层飞机"，1984 年投资 100 万美元，进行方案论证，并成立了"跨大气层飞机计划局"。并且明确从 1990 年开始研制空天飞机的试验机——"X－30"，预计投资 30 亿美元。这种飞机的外形尺寸和波音 727 客机类似，最高飞行时速可达 28962 千米，采用可循环发动机和液氢燃料发动机的混合推进方式，这种试验机的试制成功将为真正的空天飞机提供科学的依据。

星际飞船

人类已经不再满足于探测地球附近的星球，早已经将目光瞄向了整个星际。肩负这一遥远探测任务的，就是星际飞船。

在完成登月任务后，美国和前苏联又分别向水星、金星和火星发射过各种探测器。其中美国的"水手10号"宇宙探测器3次飞过水星，发回了6000张水星照片。"先驱者1号""先驱者2号"和前苏联的"金星11号""金星12号"等探测器都曾飞近金星进行探测，并在金星上软着陆成功，取得了珍贵的成果。

为了探测火星上是否生命，美国和前苏联还发射了"海盗号"、"探测器号"和"水手号"等探测器，其中最成功的是"海盗1号"和"海盗2号"，它们先后于1976年7月和9月在火星上着陆，进行了生命考察试验和拍照等活动。

在人类所有发射的所有星际飞船中，最值得一提的是美国于1977年8月20日发射的"旅行者2号"。它重约825千克，由6万多个零件组成，安装有电视摄像机等十多种仪器。这个集现代科技成果于一身的宇宙探测器，自从发射上天后，孤身遨游，闯荡了多半个太阳系，取得的探测成果也相当惊人。

它的第一个任务是考察木星，在那里发现了木星的3颗新卫星；第二个任务是探测土星，从它发回的高分辨率彩色照片中，科学家们发现了6颗新的土星卫星；第三个任务是访问天王星，发现这颗远离太阳的星球上竟然有闪电现象，并有强大而混乱的无线电信号；第四个任务是观察海王星，在那里发现包围着海王星的一个大磁场和星上一条4300千米宽的黑色风云带。之后，"旅行者2号"继续飞向太阳系边缘飞去，直至飞出太阳系，向浩瀚的宇宙深处飞去。据科学家估计，它至少还能工作20年。

为了能在其他星球上发现高级智慧生物，"旅行者2号"还携带着人类献给外星人的礼物——"地球之音"唱片，在这张可以储存10亿年、直径30.5厘米的铜质唱片上，存有115张表现人类起源和文明发展的图片，其中有我国的万里长城和中国人用餐的两张画面，它还录下了35种地球自然界的风雨雷电、鸟鸣兽叫、人笑婴啼等声音，以及地球上不同时代、不同地区、不同民族的歌曲27首，还有人类用55种语言向外星人发出的问候语。

"旅行者2号"在宇宙探测中取得的巨大成果，将在人类探测宇宙的历史上留下极为辉煌的一页。

2003年6月2日，运载欧洲第一个火星探测器的火箭已经在哈萨克斯坦拜科努尔太空基地发射升空。联盟—弗雷加特火箭把"火星快车"火星轨道飞船和"猎犬2号"登陆器送入了太空。这是欧洲有史以来首次探索火星的尝试。值得一提的是，由香港科研人员研制开发的一组太空仪器也随"火星快车"飞上了太空。这组名为"岩芯取样器"的太空仪器，是首个由中国人研制成功的登陆外星球的太空工具，它将负责在火星上探取土质样本。"岩芯取样器"是一个多功能的太空轻巧用具，重370克，耗电量只需2瓦，可作磨、钻、挖和抓取土质样本之用，相对于欧洲或其他国家的产品来说，这组仪器更轻巧、更节省能量。取样器的优势还在于，其设计融合了中国筷子的特性，使仪器可以更灵活地探取经钻磨的石块样本，因此获得欧洲太空总署的采用。

太空望远镜

　　航天技术经过短短几十年的发展，人类已经建立了地球空间站，登上了月球。然而前进的步伐并未因此停止，人类后在不停地探索更深层的宇宙，飞向更遥远的太空，实现星际航行。为此，人们又派出探测器飞向火星、金星，飞向木星、土星，飞向天王星、海王星，到那里去探测，去进行科学考察。航宇时代的帷幕已慢慢拉开。

　　为了探测更深层的宇宙，科学家们一直期待着一架太空望远镜，躲开大气层的阻隔，对宇宙深处进行观察。

　　20世纪70年代中期，经美国国会批准，美国宇航局经过多年研制成功地制造了太空望远镜——"哈勃"。1990年4月，这台耗资15亿美元、长13.1米、重11.6吨、镜筒直径4.27米的"哈勃"太空望远镜，由美国"发现者号"航天飞机带上了太空。部署在距地面670千米的高空轨道上，它可在太空中观察到大约150亿光年的宇宙深处。目前最大的地面天文望远镜只能观察到大约20亿光年远的空间。由于太空望远镜处在不受大气扰动影响的外层空间，所以它比地面望远镜好10倍。

　　"哈勃"望远镜有八台超高精密的科学仪器，有大型光学接收系统，有视野宽广的行星摄像机、暗弱天体摄像机、高分辨率分光摄像仪、天体摄谱仪、高速光度计及精密导向系统及设备等等。

　　"哈勃"太空望远镜能捕捉到亮度十分微弱的发光天体，其灵敏度比地面上最好的望远镜还高100倍。科学家们用它来拍摄清晰的宇宙图像和照片，测定宇宙物体的质量、大小、寿命、形状及其他广泛的数据资料，观测太空中的类星体、银河星系、气态星云和变光星体，以及太阳系内行星大气、物理现象和征兆，将研究宇宙天体能量变化过程和宇宙起源的大门打开。同时利用太空望远镜研究行星围绕其他星体运行情况，用获得的数据证实宇宙中所存在的基本物理变化过程，探测多种电磁波的波谱，寻找除地球人类外的智慧生命。

地球的"出访使者"

人们看到的最亮的星星是金星，那么，金星上到底有什么？人们作出了种种设想，但一直都没能证实。

1961年人类先后发射了"金星1号"和"水手1号"探测器，但均失败了。1962年8月27日美国成功地把"水手2号"送入飞往金星的轨道，同年12月24日"水手2号"从距金星3万多千米的上空飞过，用红外探测仪测量到了金星表面的温度及其他信息，实现了近距离考察金星。随后20多年里，人类发射了探测器共30个，其中21个成功地对金星进行了探测。

1970年12月15日，前苏联"金星7号"探测器首次在金星表面成功软着陆，将金星表面的有关信息传回地面。它是星际航行史上的第一次。1975年，前苏联又发射了"金星9号"探测器，飞行了3亿千米，进入了金星轨道，成为环绕金星旋转的第一颗人造卫星。它第一次送回有关金星世界的全景照片，从发回的照片中初步看到，金星上不存在金星人。

通过多次探测，人类基本上了解了金星的概貌：金星上的天空总是橙黄色的，从未有过蓝色，金星大气中二氧化碳占97%，其他是氮、氟化氢、一氧化碳和水蒸气，金星上有着频繁的闪电，但是光打雷不下雨，因为水蒸气含量很少。虽然金星有与地球某些相似的条件，但它却是个无生命的星球。

20世纪从60年代至1992年人类共发射了23颗探测器去探测火星，其中成功的只有8次。因为火星距地球太远，而且路途环境恶劣，大多数探测器由于中途出现故障而夭折。

探测器

1964年11月美国发射了"水手4号"探测器，在离火星表面大约1万千米处掠过，第一次拍摄了火星的照片。1971年5月30日发射的"水手9号"探测器成为火星的第一颗人造卫星。它在火星轨道工作近一年，发回了大量照片和数据。经过大量的探测活动，人们基本上了解到火星的情况，火星大气中含有大量的二氧化碳，含有少量的氧、氮和氩等，火星表面尽是乱石和沙洲，没有水，因而植物、动物和微生物也就不会存在。

　　宇宙空间行星际探测飞船中贡献最大的要数美国的"旅行者号"。自从 1977 年 8 月 20 日，"旅行者 2 号"从美国肯尼迪航天中心发射升空，到 1989 年底的 12 年中，先后探测了木星、土星、天王星、海王星，在 4 大行星的极近处详细观测了它们的风貌，发回了许多翔实的数据，顺利完成了探测太阳系的"超级旅行"任务。它所发回的数据信息，需要科学家们用高速计算机费几年的时间分析处理，才能得出最终结论。人们通过"旅行者 2 号"在这样短的时间内对外行星进行考察所获得的科学知识，比过去数百年里所获得的知识还要更多。

　　"旅行者 1 号"比"旅行者 2 号"晚半个月出发，在近十几年的飞行中，它与"旅行者 2 号"相互配合，一起完成了探测各大行星的任务。1990 年 6 月 6 日，美国航天测控中心的专家们宣布："旅行者 1 号"在太阳系约 59 亿千米的"黄道平面"上空于 1990 年 2 月 14 日在 4 个小时内成功地拍摄了 64 张精美的彩色照片，把太阳系的六大行星——海王星、天王星、土星、金星、地球和木星都拍摄回来。经过科学家们仔细镶嵌拼成一幅壮观的"六星联视"太阳系图形。

　　这是"旅行者 1 号"在飞离太阳系之前做出的最后一大贡献。因为六大行星这种近似直线的排列机会 179 年才能遇到一次，所以它所拍摄的这套独一无二的"太阳系全家福图像"，是我们这代人第一次也是最后一次能看到这种"世界性图片"了。

　　"旅行者 1 号"和"旅行者 2 号"在完成了对行星的探测后，直奔太阳系的边缘。如果用"一个天文单位"来表示从地球到太阳的距离——1.5 亿千米，那么到 1989 年 12 月 31 日，"旅行者 1 号"和"旅行者 2 号"已分别达到距太阳 40 和 31 个天文单位的地方。到 2015 年，它们将分别到达距太阳 130 个和 110 个天文单位的地方，并沿途继续探测。

　　现在"旅行者号"正作为地球派出的"使者"，飞出太阳系，奔向茫茫宇宙，去寻找宇宙中的"智慧生命"。直到现在，"旅行者号"仍在向地球发回信息。

　　"旅行者号"是人类文明的使者，肩负着探测深层宇宙，寻找地外文明的使命，携带着地球人向"宇宙人"的问候——"地球之音"唱片，在茫茫宇宙中不断向地球"知音"发出深情的呼唤。"旅行者号"是人类航宇时代的首位勇敢的"探路人"，它的行踪人类一直关注着，它为人类探测宇宙的历史留下了不可磨灭的光辉一页。

"旅行者号"探测器

迎来空间站时代

　　空间站也是一种飞行器，相对于一般的航天器来说，它是更大、更先进、飞行时间也更长的飞船。科学家把它比喻为一个环绕地球运动的、半永久性的"活动房子"，人们可以轮流在那里进行科学研究、新产品。

　　空间站是太空科学的研究基地。在空间站上，主要对与失重有关的种种学科进行实验，项目非常广泛，包括生物、物理、化学、冶金、工艺、材料等各个领域。除此之外，还有对地球及整个宇宙空间进行观测的项目。

　　空间站一般由几段圆柱形的舱段构成，是最早可住人的"太空楼阁"，这里设有工作舱、服务舱、对接舱，所有设备都装在舱内和舱的外表面上。

　　空间站进入轨道后，舱外的太阳能电池板和天线等自动展开。工作舱内，各项研究试验用的有关仪器设备都在其中。服务舱内，装有机动发动机、姿态控制发动机、推进剂、氧气瓶、供电系统、无线电系统等。对接舱则用来与载人飞船或运送给养的载货飞船等对接。

航天员在太空

　　前苏联的"礼炮号"空间站和美国的"天空实验室"空间站是最早建立且获得成功的。

　　1971 年 4 月 19 日，前苏联将"礼炮 1 号"空间站送上地球的近地轨道，这一壮举把载人的航天活动推向了高潮。这个空间站的主体最大直径 4 米，总长 12.5 米，总重约 18.5 吨，在轨道上运行的半年时间内，进行了综合性的科学考察和对地观测。此后，前苏联人相继发射了 6 个"礼炮号"空间站，都是在"礼炮 1 号"的基础上，改进设计、更新设备而发展起来的。

　　1973 年 5 月 14 日，美国用"土星 5 号"运载火箭将"天空实验室"

空间站发射到 435 千米高空的近圆形轨道上，它绕地球一周需要用 93 分钟。这个空间站是美国的第一个航天站，主体直径 7 米，长 36 米，总重 82 吨，有轨道舱、过渡舱、多用途对接舱、观测用的望远镜和供给能源的太阳能电池板等。随后，美国又用"土星 1B"运载火箭将"阿波罗"载人飞船送上太空，与"天空实验室"对接。

在历时近半年的时间里，"天空实验室"先后接纳了 3 批共 9 名宇航员参加实验和生活，进行了许多科学研究。他们用 58 种仪器对生物学、航天医学、太阳物理、天文、地球物理和材料工艺等学科做了 270 多项试验，取得的成果非常丰硕。

空间战斗基地——未来的航天母舰

除大陆、海洋、大气层之外，太空是人类第四生存环境。几十年来，为了开发太空的高远位置、微重力、高真空、高净洁、太阳能等宝贵资源，全世界发射的航天器已达几千个，其中卫星占绝大多数。然而，卫星或航天器也暴露出许多靠其自身能力难以解决的问题，影响了它的进一步应用。

使用卫星开发太空成本高、应用范围窄。卫星及其有效载荷的重量和体积，受到运载火箭的运载能力和它上面卫星整流罩尺寸的限制。20世纪90年代，火箭的运载能力也只能达到近地轨道15吨~25吨，地球同步轨道2吨~5吨，而整流罩最大只能装下直径4米~5米，高10米以内的卫星。所以，卫星能装载单一、小型的有效载荷，专用于某一目的，如通信卫星、气象卫星等。

除此之外，卫星是一种无对接系统的航天器，一旦上天，无法对其加注燃料、修换部件，所以卫星一般只能工作几年。

为解决这些问题，20世纪70年代中期美国科学家提出了空间平台的方案设想。

空间平台是一种能同时装载、运行多种有效载荷（即多种卫星上的仪器设备），并以"资源共享"的方式为它们集中提供所需要的公共设施（如电源、数据、通信等）和能接受在轨服务的大型空间结构物。

空间平台一般采用太空组装的建造方式，即把平台的构件分批送上太空，然后装配、调试、运行，因而其重量和尺寸可以不受到限制。

由于空间平台重量尺寸不受限制，其上可同时运行多种有效载荷。这意味着发射一个空间平台就等于发射数颗卫星。这样不仅降低了费用，缓解了空间轨道的拥挤，而且使多种有效载荷的同步工作及多学科相关职能工作的开展成为可能。

航空母舰

在空间平台上装有对接系统，可接受航天飞机、宇宙飞船及轨道间飞行器等在轨服务。此外还可以将空间工厂建在空间平台上。

空间平台与空间站，均可同时运行多种载荷，都可在轨接受服务。

空间站长期能载人，而空间平台是一种仅能受人短期照料的无人航天器，这是它们的本质区别。因此，空间平台没有由人带来的干扰、污染、费用高等问题，适合完成精度高、无污染、微重力和有危险的飞行任务。而空间站上，人可随机应变，组装空间平台等大型航天器和大型有效载荷。

现在，还有一种方案是使空间平台和空间站用共轨方式或导轨方式组成一个系统，这样二者可取长补短、相得益彰。美国将发射的空间站系统就是采用此种方式。例如，可先在空间站上组装空间平台，然后用轨道间飞行器把平台送到预定轨道。在空间站系统运行期间，空间站可作为空间平台的一个操作基地，通过轨道间飞行器为平台提供各类在轨服务。

1983 年，欧洲首次用美国航天飞机发射和回收了世界上第一个空间平台 SPAS。前苏联于 1987 年 7 月 25 日，发射了一个重约 17 吨的大型空间平台，用于观察地球资源和海洋。

空间平台的研制成功及广泛应用，将大大推进人类开发太空的工作，给我们的生活带来难以估量的影响。

随着空间技术的迅速发展，各种用于军事目的的空间飞行器也越来越多，除了军用侦察卫星，还有航天飞机、宇宙空间站等。宁静的太空，大有转化为"空间战场"的趋向。

要进行空间战争，就要有空间战斗基地。"航天母舰"就是设想中的太空战斗基地。实际上，航天母舰是太空中的武器平台，像海洋中的武器平台——航空母舰一样，携带多种兵器和技术装备，成为太空中的战斗堡垒。

航空母舰是海上战斗堡垒，巡弋在海洋中，它的主要兵器是舰载作战飞机。航天母舰则是太空中一种永久性的大型载人轨道站，装备战斗武器。航天母舰上的武器，有激光武器、粒子武器等。

用激光武器射击目标，可使目标表面温度升高而坠毁。粒子武器由加速器发射带电粒子流，以接近光速的速度照射到目标，以集中能量和热效应来摧毁目标。激光武器、粒子武器都是定向束能武器。它们能在极短时间内，在极小面积上，聚集极大能量，摧毁、破坏敌方卫星、飞船、导弹关键部位，使其坠毁。航天母舰装上了定向束能武器，威慑作用巨大。

以航天母舰为核心，可以组成"空间舰队"。在这支空间舰队中，有航天母舰，有众多的航天飞机、空间渡船和各种军用轨道站用以进行空间战争。

尽管"航天母舰""空间舰队"目前还只是一种设想，但已经引起了人们的极大关注。

航天母舰的几种设想

可以说，航空母舰是称霸海域的。有了航空母舰，各种飞机便可以从海上起飞，去完成战斗任务。航空母舰虽然具有多种战斗能力，但只能使飞机飞向天空，不能让飞机进入太空，于是，大胆的军事家们想到了研制"航天母舰"。

世界各军事大国都投入大量资金对"航天母舰"进行研究，并取得了进展。因此，航天母舰"并非神话"目前，关于"航天母舰"设想方案大致有以下几种：

1. 宇宙飞船型航天母舰

这是航行在离地面 36000 公里的地球同步轨道上的一个巨大宇宙飞船。它是由四架航天飞机、两艘太空轮船、一个轨道燃料库和一个太空补给站组成的"航天舰队"。航天飞机可在航天母舰上自由起飞与降落；太空燃料库、太空补给站和航天母舰对接，在供应燃料后自行脱离。航天飞机还可以从航天母舰上往返地面，使飞机的活动空间大大增大了。

一个航天母舰也等于一个庞大的武器库，它不仅装配有导弹、火箭，还装有定向束能武器。这种武器靠加速器射出高速电子、质子和重离子等带电离子流，一旦击中目标的要害部位，可使其软化、变形、穿透、烧毁等。

操纵航天母舰的是由几百名宇航员组成的"航天大军"。他们的指挥部设在航天母舰上，其他人员则分散于各个航天飞行器上，在太空中训练与作战，形成一支神力无比的"天军"。

2. 飞翼型航天母舰

飞翼是一种无机身、无尾翼，仅有机翼的飞行器，其结构简单，飞行阻力小，但载重量却很大。于是，有的科学家建议利用空中若干个飞行的飞翼在空中对接而形成"航天母舰"。

从同一机场或不同机场起飞的若干个飞翼，在指定空域内进行快速空中对接，连接成一个大"飞翼"。大飞翼的规模可根据军事需要，并按照人们预先选定的最佳航线，在空中长期飞行，航天飞机可以在其上起飞与降落。

3. 飞艇型航天母舰

美国科学家设计的飞艇型航天母舰是一个巨型飞艇，长 2.4 公里，由先进的蜂窝状复合材料制成飞艇艇壁，厚 3 米。在飞艇顶部设有可供直升机和短距离起降飞机的跑道，底部是一个巨大的屏幕。飞艇由 160 部发动机推进，时速可达 160 公里，由汽轮发电机、太阳能板和一套热电转换系统联合提供电源。飞艇内充入的是氦气，十分安全。为了便于飞艇航天母舰与地面联系，在母舰上配有 6 艘小飞艇，它们均可与母舰连接或分离。作为母艇与地面联系工具的小飞艇，用于运输人员与物品。

4. 地球航天母舰

在地球上起飞的飞行器要想飞往太空，就必须设法克服地心引力。由于在纬度为零的情况下，航天飞行器的速度等于火箭速度加上地球自转速度。若把机场建在靠近赤道的纬线上的话，飞行器的速度就会提高很多。

于是人们想到在赤道附近国际海域建造一条大吨位的、能发射航天飞行器的军舰，实际上这就是一种航天母舰。这个系统包括航天母舰、专家和其他人员居住、生活用的拖船以及负责供给和护卫的船只。将航天母舰建造在地球上，无论从技术还是经费上来讲都比利用航天飞行器建造航天母舰可行得多，只是要受到地域条件的限制。

航空航天两用——未来的空天飞机

1903 年人类第一架飞机上天，人们仿照航海的提法，把飞机在空气中飞行定义为"航空"，把机场设施称为"航空港"。

1959 年，人类第一颗人造地球卫星升入太空以后，开始了向宇宙进军的新历程。这时，人们又创造了"航天"一词。与一般的"天"字不同，此"天"另有含义。科学家规定：飞行器在可感知的地球大气层外的太阳系内飞行称为"航天"。航天用的各种飞行器如卫星、飞船、航天站、行星探测器等统称为"航天器"。试验和发射航天器的地面设施称为"航天港"。

"航天"和"航宇"合称为"宇宙飞行"。飞出太阳系在宇宙的恒星际间飞行称为"航宇"。

眼下，我们乘坐的飞机，只能在大气层里航行，哪怕最先进的飞机，也不能飞到地球外面去。因为现有的飞机的翅膀，都是靠在空气中才能产生升力；飞机上的发动机还要靠空气中的氧气来助燃才能工作。除此之外，由于地球具有吸引力，它像一条看不见的绳索，牢牢地拴着地球上的每一个物体。要想挣脱地球的引力，绕着地球转圈子，不再落回地球，飞机的速度必须达到 7.9 千米/秒，这个速度称为"宇宙速度"。如果要飞出地球到其他行星去，所需要的速度还要高。目前，飞机的最高时速是 3523 千米，就是每秒 0.98 千米，大约只有每秒 7.9 千米的速度的 1/8。如此缓慢的速度是如何也是飞不出地球去的。目前能够飞出地球的唯一工具是火箭。

"空天飞机"是"航空航天飞机"的简称。这是一种既能航空又能航天的飞行器。

与目前美国的航天飞机相比，空天飞机在技术上有许多特点。航天飞机只能在发射台上垂直起飞，采用火箭发动机作推进系统，双级入轨，只能部分重复使用，可担负航天运载任务。空天飞机则可以水平起飞，采用航空、火箭两种发动机作推进系统，可任意选用两级或单级入轨方式，可完全重复使用，既能作为航天运载器使用，又能作为航空飞机使用。

空天飞机最诱人的特点是它第一次把航空发动机引进航天领域，从根本上改变了航天运载器只采用火箭推进的模式，从而将导致航空航天技术的一场革命。

空天飞机的技术复杂，有极大的研制难度，其中最关键之处是它的推进系统。目前，化学推进系统分两大类：吸气式发动机和火箭发动机。吸气式发动机只带燃料，需要吸取大气中的氧作为氧化剂，因而只能在大气层内工作。但由于不带氧化剂，每单位推力所消耗的推进剂量要比火箭发动机小得多，因而其比冲可高达 1000 秒～3000 多秒。火箭发动机既带燃料，又带氧化剂，在大气层内外都能工作，所以迄今为止所有航天运载器全部使用火箭发动机，但它的比冲不高，最多只有 400 多秒。显然，如果航天运载器在大气层内的飞行段能改用吸气式发动机，就能大大节省推进剂，从而使总重量有所减轻，降低发射费用，提高运载效率。

但在目前的吸气式发动机中，涡轮喷气发动机最大只能达到 3 倍～3.5 倍音速，远远不能满足航天发射的要求，为此需要研制一种新式的吸气发动机——"组合式超音速烧冲压式发动机"，时至今日这项科研还未完全成功。

推进系统的另一个难点是吸气式和火箭发动机如何最佳地配合工作。简单的方法是各发动机分别工作，但这样做结构重量大，且其性能也较差。最好是各发动机能有机地组合在一起，形成一种多循环工作模式的混合式发动机。但其研制难度极其大。

空天飞机的研制还需要攻克其他许多技术难关。例如，空天飞机的机身、机翼和发动机系统应进行一体化的气动设计；空天飞机需要使用先进的耐高温材料，如高级钛合金材料、碳—碳复合材料和高级金属基复合材料。多数空天飞机的研制计划尚处在概念研究和技术验证阶段，其发展前景有待科技的进一步发展。

21 世纪航天器的发展趋势

早在四五十年前，那时人类航天技术刚处于萌芽时期，许多科学家就曾大胆预言，人类将从此走向宇宙发展的光辉路程，并憧憬着太空时代的到来。然而，时至今日，航天领域早已风光不再，它几乎成了人类期望过高和承诺无法兑现的象征。

人们发现，自己正处于一个信息时代，真正改变人类生活的不是火箭和宇航学，而是软件和微处理芯片。空间活动在人类技术发展中仅仅扮演了一个次要的角色——支持作为地面光纤系统替代物的通信卫星。科学家们认为实现太空时代这个伟大梦想的花费实在过于庞大，这是太空时代迟迟未能到来的原因。他们认为，从现在开始，一旦航天技术向着实际应用的目标发展，它在 21 世纪的情况将大为改观。

航天技术的实际应用之一是科学探测。美国喷气推进实验室计划于 21 世纪实施的两项太空探测使命是"凯珀快车"和"冥王星快速探测飞行"。前者用于探索"凯珀带"，凯珀带是海王星外侧轨道上的一个较小行星带。后者将用于完成"旅行者"号行星探测器对太阳系外层行星近距离探测的任务。这两项航天计划可反映出 21 世纪航天器的发展方向。

21 世纪的航天器，一是体积不断缩小。上述两项计划的构想均建立在航天设备小型化的基础之上。已设计出的新航天器样机的重量只有 5 公斤，但其与现在重 200 多公斤的"旅行者号"探测器的功能一样强大。所有硬件设备，无论是电子的、机械的、光学的，还是结构性元件，其体积都大大缩小，但其灵敏度却大大提高了。"凯珀快车"采用液态氙作为推进剂，将为诞生于 20 世纪 50 年代的航天技术带来突破性进展。

二是日益多样化的推进系统。科学家们为未来航天器设计的推进系统有核电推进器、太阳能电力推进器、激光推进器、太阳帆和电磁冲压加速器等。其中太阳能电力推进系统被科学家们认为是最有希望的，它利用了低推力的离子喷射器。阳光照射太阳能电池产生电力，电流将一种惰性气体（如氙）离子化并将其加速，把正离子排出发动机以产生推力。这种推进系统在速度、效率和经济上都有强大的生命力，很可能作为一种通用发动机用于未来的航天器中。然而这并不是意味着就不需要其他推进系统了。事实上，为了将航天器从地球送入太空，我们将使用化学火箭或其他发射器。核电推进系统类似于太阳能电力推进，只不过它是靠核反应堆产生动力，而不需要依靠阳光发电；太阳帆是利用阳光压力推动，虽然起动慢，但无须燃料；激光推进器的动力来自地球上的某一高功率激光源，适用于快速点火发射；电磁冲压加速器的发系统的最大优点是成本低。但无论如何，对远距离高速度的航天飞行来说，无论是载人还是载物，最好的选择应是太阳能电力推进系统。

三是空间站的发展。空间站是无人飞行器。21世纪，空间技术的发展将取决于设备精良却相对廉价的航天设备。一艘吨级大型载人飞船需要2公顷面积的太阳能电池板，其面积比一个足球场还大；而无人飞行器的重量则可减少至几公斤，仅需直径10米～20米的电池板。这样的超小型航天器对科学研究是十分理想的，对大多数商业和军事领域也适用，其主要任务是在重量很轻的设备中处理大量信息。可以预期，到21世纪，由太阳能电子推动的无人飞行器将在整个太阳系内遨游，并根据人类的需要改变飞行轨道，从而使这些微型"探险者"将宇宙的每一角落都走遍，为人类探索其中的奥秘。

探索宇宙的航天飞机

20 世纪 60 年代初，宇宙飞船的成功制造，实现人类了遨游太空的梦想。这种航天活动造价高得惊人，一次发射活动的费用要花掉 10 亿美元。而且航天器的使用是一次性的，不能重复使用。于是人们设想，如果能造出地面和太空轨道间能多次往返飞行的飞行器该多好。

20 世纪 80 年代初，美国人首先研制并使用了航天飞机。它是集现代航空技术、火箭技术、空间技术于一身的综合产物。航天飞机继承了火箭导弹和空间技术的全部性能，又兼具航空飞机的主要特点。航天飞机的发明，是人类航天历史中的又一个里程碑。

航天飞机是由火箭助推器、轨道器和外挂推进剂贮箱这三部分组成的。轨道器像一架大型三角翼飞机，航天飞机用火箭发射入轨道后，只有载人轨道器在轨道上像人造卫星和飞船一样运行。再进入大气层后，轨道器作无动力滑翔飞行和水平着陆，就像飞机一样。

航天飞机起飞像火箭，飞行像飞船，着陆像滑翔机。它综合了火箭、航天器和飞机的技术，集航空、航天技术于一身，轨道器可以重复使用达 100 次。

"哥伦比亚号""挑战者号"和"阿特兰蒂斯号"等航天飞机是美国首批制造的，每架造价约为 30 亿美元。

航天飞机

航天飞机具有航天飞行器特有的优势，使人类航天活动的前景更为广阔。到 21 世纪初，航天飞机将占据空间运载系统的主导地位。人们设想，要让它的往返运输功能单一化，将运送人员和运送货物的功能分开。

有人可能会问：航天飞机是不是飞机呢？回答是否定的。航天飞机不像飞机那样可"随意"机动飞行。看起来轨道器的外形像一架大型三角翼飞机，但它进入轨道后，也是服从星际的运动规律，借助于它的初始速度和地球引力在固定轨道上作无动力运动。只有改变轨道时，它才开动变轨火箭发动机。其实航天飞机完成任务后返回地面，实际上只不过是借助轨道器滑翔了回来。

第一艘空间渡船

起初，大大小小的运载火箭只能使用一次，即使是射入轨道的飞行器也至多往返一趟。在地面与近地轨道之间，一般人岂能在太空中随意遨游？即使最先进的现代飞机，到了35公里以上的高度也无用武之地了。

美国国家宇航局研制的航天飞机，给全人类带来了希望：一般身体健康的人也能乘坐它太空了。

美国的航天飞机常被人们称为"空间渡船"，它是一种兼有航天器和航空飞机两者特性的大型运载工具。

1977年8月12日上午，美国宇航局在加利福尼亚莫哈维沙漠上空成功地进行了航天飞机的第一次大气试验飞行。这就是大名鼎鼎的"企业号"航天飞机，它是由一架波音747型飞机驮载飞行，到达6736米的高空，指令长海斯点燃一组起爆器，使航天飞机脱离母机。然后，由驾驶员驾驶它绕了一个大圈子，最后，降落于爱德华兹空军基地。

空间渡船是一个庞然大物。全长56米有余，高约24米，有7层楼房那么高。它主要由轨道器、外燃料箱和两台火箭助推器这三部分组成。轨道器是空间渡船的主体，也是唯一可以载人的部件，很像一架大型的三角翼飞机。平时所说的航天飞机就是指这个轨道器。机长37米，起落架放下时高17米，最大翼展24米，自重75吨，可以重复使用100次以上。轨道器分前、中、后三段。前段是乘员舱，可乘3人~7人，特殊情况下可以容纳10人；中段是有效载荷舱，可载重30吨左右；后段主要是3台主发动机。后段还装有两台机动发动机，在主发动机熄火后，由它们提供推力，使轨道器进入近地轨道，实现机动变轨以至脱离轨道返回地面的目的。轨道器还有反推控制系统，用来保持轨道器的稳定飞行和姿态变换。

外燃料箱只负责给轨道器主发动机提供推进剂700余吨，是航天飞机唯一不能回收的部件。两台火箭助推器既是空间渡船起航时的动力来源，又负有特殊的职能。当渡船从发射台上起波后55秒钟，推力便降低了三分之一，这样可以确保航天飞机在动压最大时不会受到巨大的过载。火箭助推器在推进剂燃烧完毕后就与渡船分离，并自动打开降落伞降落，以便回收供下次再用。火箭助推器可以重复使用20次。

空间渡船的整个摆渡过程可以分为上升、轨道飞行和返回三个阶段。轨道器完成任务后，机动发动机便制动减速，使轨道器进入再入轨道，对准跑道返回着陆。之后只需经过 160 个小时的维修和加注燃料，便可再次进行摆渡。

空间渡船具有耗费少、可重复使用、大载荷、方便灵活、低加速、乘坐舒适、可多用途等优点。今后，凡发射军用预警卫星、侦察卫星和通信卫星，均可由它胜任；在未来的空间大战中，它可以对敌方的卫星或飞船进行拦截破坏，甚至俘获。在建造大型空间站、轨道结构平台乃至永久性太空城市的时候，它还能肩负起繁重的运输任务。

行星探测器

在人造卫星发射后不久，人们就开始了行星探测器的研制工作。太阳系内有 8 颗大行星，它们是水星、金星、地球、火星、木星、土星、天王星、海王星。人类探测的第一个目标，就是离地球最近的金星。开始的时候，事情进行得并不顺利，屡屡失败。直到 1962 年 8 月 27 日，第一颗金星探测器"水手 2 号"发射成功。12 月 14 日，"水手 2 号"在距金星 34838 公里处飞过，完成了对金星的逼近考察，成为一颗人造行星，永远环绕太阳飞行，每 345.9 天绕太阳一周。之后，人们发射了好几个金星探测器，其中有的进入了金星的大气层，有的在金星上软着陆。它们向地球传回了大量珍贵的资料，揭开了蒙在金星表面的那层面纱，取得了丰硕的成果。

火星是太阳系中一颗迷人的天体。关于它上面是否存在生命，一直都是

行星探测器

个谜。很自然地，在行星际旅行的最初阶段，人们立即想到要去拜访那些想象中的"火星人"。1965 年，人们发射了火星探测器"水手 4 号"，第一次对火星进行逼近探测。之后，人们发射了好几颗火星探测器，有的在绕火星的轨道上飞行，有的在火星表面上软着陆。它们传回了大量的珍贵资料。但是，没有一个火星探测器找到过火星人的踪迹。

1973 年 11 月 3 日，水星探测器"水手 10 号"发射成功。它飞行了 506 个日日夜夜。在飞行期间，它向地球传送了 4000 多幅很清晰的电视照片。根据照片，人们已给水星绘制了地貌图。水星给人们的印象是：它是多么像月亮啊！

为了考察木星这颗外行星，美国在 1972 年 3 月 3 日发射了第一个木星探测器——"先锋 10 号"。"先锋 10 号"穿越火星轨道后，同年 7 月进入小行星带，1973 年 2 月安全地通过了这个危险区域，径直向木星飞去，开始观测木星这颗太阳系内最大的行星。这位重 270 千克的"使者"飞行了 21 个月，行程 10 亿公里，于 1973 年 12 月 5 日来到了木星上空。从它发回的资料来看，木星上奇异的大红斑是一个耸立在 10 公里高空的云团。这云团可能是一个强大的逆时针旋转的长寿命旋涡，也可能是一团激烈上升的气流。"先锋 10 号"被木星的巨大引力加速，终于克服了太阳引力场，成为第一艘逃离太阳系的宇宙飞船。8 年之后，它将穿过矮行星——冥王星的轨道，然后以每小时 4 万公里的速度向金牛座飞去。

各种各样的飞行器

飞行器就是能飞行的器械，它不仅包括所有能在大气层内飞行的器械，也包括能在大气层外空间飞行的器械。

我们可以把飞行器分为这三大类：航空器、航天器、火箭和导弹。

在大气层内飞行的飞行器称为航空器，如气球、飞艇和飞机。它们之所以能飞行，是靠空气的静浮力或空气相对运动而产生的空气动力升空而飞行。

在大气层外空间飞行的飞行器称为"航天器"，如人造地球卫星、载人飞船、空间探测器和航天飞机。它们之所以能在太空飞行，是因为在运载火箭的推动下获得必要的速度进入太空。装在航天器上的发动机，为轨道修正或改变姿态提供所需要的动力。

火箭是以火箭发动机为动力的飞行器，它既可在大气层内飞行，又可在大气层外空间飞行。导弹有在大气层外飞行的弹道导弹，也有在大气层内飞行的常规导弹。后者装有翼，与飞机类似。

由于飞行器的性能各异，因此它们的用途也就大不相同了。

单级入轨的航天飞机

"阿波罗"飞船与"土星 5 号"三级火箭的总高度为 110 米,这与 36 层楼高相差无几,重量近 3000 吨。当它从月球回到地面时,只剩下 3.3 米高、5.6 吨重的指令舱了。航天飞机带着累赘的外燃料箱和助推火箭起飞,总重量超过 2000 吨,而航天飞机的自重就只有大约 70 吨。

原来,现在航天运载工具的"胃口"极大,像"土星 5 号"火箭发射时平均每秒钟要消耗液氧和煤油 15 吨,而且这些推进剂必须自行携带。因此,它们都不能用单级推进器送上太空,至少要有二级。

未来人类去太空旅行就像今天乘飞机一样简单,当然不能再用多级航天运载工具。科学家为此设计了一种空天飞机,它的外形很像大型客机,可是安装着 3 种截然不同的发动机。

空天飞机是在跑道上水平起飞,由普通飞机用的涡轮喷器发动机驱动,但是其燃料是液氢。当加速到 3 倍音速以上时,改由冲压式发动机推进。这种发动机结构简单,可是必须在高超音速下工作。空天飞机高速前进时,进气道大量吞吸空气,并从中分离出氧气,源源不断地与液氢一起流进燃烧室。由于从大气层中取氧,空天飞机可以带少许液氧上空,减轻了起飞重量。当空天飞机飞到大气层边缘时,无法再从外界获得氧气时,冲压发动机又让位给火箭发动机,用自身携带的液氧和液氢作推进剂,完成最后一段旅程。

空天飞机的起飞重量仅为航天飞机的 1/10,地勤人员也从 1.5 万人减少到 100 人左右。它还可以作为一种高速洲际交通工具。

木星探测器——"伽利略号"飞船

20世纪70年代发射的"先驱者"号和"旅行者"号飞船，使人类对木星发生了认识上的飞跃：木星的强烈辐射和巨大磁场、频频的闪电和3万千米长的极光、形如太阳系般的众多卫星（尤其是有活火山的木卫一）、宽大而暗黑的光环等。

然而那毕竟是一些"路过"性的访问，距离较远而又行色匆匆；图像的清晰度较差，数据也不全面，木星许多奥秘仍尚未被揭开。因此，为了对木星进行新一轮的考察，美国宇航局已于1989年10月18日，通过"亚特兰蒂斯"号航天飞机发射了专门的探测器——"伽利略号"星际飞船，它是迄今为止已发射的最复杂、最先进的探测器。

"伽利略"号由探测器和轨道飞行器两部分组成。前者的主要任务是对木星的大气和进行实地考察。在它"深入虎穴"的60分钟里，将先后测量木星大气层的温度、压力和大气构成，并穿越木星大气中的氨冰云、氢硫铵云和水冰云层，直至因被深层大气的巨大压力压扁而殉职。

轨道飞行器中的自转部分主要研究木星的磁层，非自转部分则同时对木星和伽利略卫星进行考察。为此，在它预定的绕木星11圈的行程中，每转一圈都要与一颗伽利略卫星作近距交会，最近时只有几十千米，可辨明30米～50米大小的表面细节。

土星探测器——"卡西尼号"飞船

　　"卡西尼号"飞船的名字，取自于以研究土星环缝并发现 4 颗土卫的意大利天文学家卡西尼，因此自然与土星的研究有关。它是由美国宇航局与欧洲空间局联合研制。由于赴土星路程遥远，不能一蹴而就。"卡西尼"将于 2000 年 2 月越过木星时接受额外引力的支援，于 2002 年 12 月低达土星，开始它长达 4 年、绕土星 36 周的神圣旅行。作为"见面礼"，在"卡西尼"与土星相遇之初，就放出"惠更斯"探测器。"卡西尼"飞船的主要任务是对土星的大气磁场、环增多系统及冰质卫星等进行勘测。为此，它在前 3 年将较多地在土星的赤道平面内飞行，在与诸卫星约 30 次的交往中，足以对冰质卫星进行近距考察。"卡西尼"将逐步改变它的轨道倾角，以便探测土星高纬度的磁层及环系统，在最后 1 年，它的轨道面与土星赤道面的倾角已是 85°，足以鸟瞰土星形如密纹唱片的环带全貌。

　　高潮或许在对土卫六的探测。除"卡西尼"本身携带的仪器可考察土卫六的大气（尤其是寻找复杂的有机分子）、绘制土卫六的地形图外，"惠更斯"将穿过土卫六云层，并最终在其表面降落。它可进一步研究土卫六的大气，更可着陆勘查，为人类提供有关土卫六宝贵的表面组成资料。这颗神秘的卫星终将被揭开神奇的面纱。

软着陆在火星上的航天器

火星大气层的密度是地球大气层密度的百分之一。虽然航天器可以利用火星大气减速，但减速是非常缓慢的。要在火星上着陆，还需要配备巨大的降落伞。前苏联向火星发射的"火星3号"探测器，它的轨道舱和着陆舱在分离时，轨道舱绕火星轨道运行，而着陆舱则点燃离轨发动机下降，进入稀薄的火星大气层，然后利用制动火箭将减速伞展开，拉出大面积主伞，稳定下降至一定高度，点燃缓冲火箭使主伞脱开，着陆舱进一步减速，触及火星表面，实现软着陆。

美国发射的"海盗"号探测器在火星上着陆大致也是如此。着陆舱在244千米高空进入火星大气，此时下降速度为250米/秒，在5.7千米高空时打开直径为16.2米的大降落伞。当着陆舱降到离火星表面1.4千米高度时，点燃缓冲火箭，使下降速度由64.7米/秒降低至2.67米/秒，最后关掉缓冲火箭发动机，实现软着陆。

太阳极地探测器——"尤里希斯"

由于太阳与地球的自转轴的夹角只有十几度，因此它们俩几乎是"面对面"地站立着，这就使地球上的观测者无法看清太阳的"头顶和脚跟"——它的两极。为此，欧美宇航机构联手于20世纪90年代初，通过"发现者号"航天飞机发射了一颗专门的探测器——"尤里希斯"号。

对太阳风进行详细研究是"尤里希斯"号的首要考察任务。太阳风是由太阳发出的以质子、电子为主的高速粒子流，其最大速度高达700千米/秒。现已查明，太阳风的风源在冕洞，而大部分冕洞又分布在太阳极地。有趣的是，太阳黑子极盛时，太阳风减弱，冕洞甚至消失。太阳黑子极小时，又作相反的变化。当"尤里希斯"号飞越太阳极地时，正值太阳黑子的极小期，因而可能遇到最大的冕洞和最强劲的太阳风。

除此之外，"尤里希斯"号还可精确测定太阳两极的磁场强度和方向，太阳高能粒子的分布、太阳和银河系的起源的了解。宇宙射线可能是从太阳两极方向进入太阳系的，"尤里希斯"号的考察有助于查明它的来龙去脉。而捕捉引力波也是这艘太阳极地飞船的又一使命。

第二章

空间站观光

空间站时代的开始

人造地球卫星发射成功，标志着人类进入空间时代，而空间站的实现，则是空间站时代的开始。那么，什么叫空间站，什么叫空间站时代呢？

所谓空间站，实际上是一种可以住人的大型人造地球卫星。所以，又有人称它为围绕地球旋转的"活动房子"。"房子"里除了人造卫星常有的各种仪器设备之外，还有一系列满足人们饮食起居的生活条件。同时人在里面可以进行各种科学试验。

美国宇航局已经制订了可以供50人或100人乘坐的半永久性的大型空间站计划。如果这个计划真的实现了，它将是人类进入空间时代以来，继阿波罗登月之后的又一个里程碑。这是因为，即使只有一个这样的空间站，它也足以完成美国、前苏联研制的各种实用卫星（即通信卫星、气象卫星、地球资源卫星、海洋卫星、天文观测卫星、军事侦察卫星等）所担负的全部使命。

如果将大型天文望远镜配备在空间站上，就可以得到极为清晰的天体和星云的照片与画像，而由此所得到的天文知识，将远远超过过去5000年的地面观测所积累的全部知识，大大有助于宇宙奥秘的探索，是多么令人欢欣鼓舞呀！

基于上述原因，前苏联很早就注意到了空间站的实用价值，并且于1971年6月发射了可以乘坐人的小型空间站"礼炮1号"，可惜在返回地面的旅途中，飞船漏气造成了宇航员全部窒息而亡。

不久之后，美国发射的"天空实验室"，破天荒地取得了巨大成功，从而揭开了真正的空间站时代。当然，"天空实验室"的发射和旅行，也并不是一帆风顺的。

1973年5月1日美国从"肯尼迪空间中心"发射了"土星5号"火箭。而火箭头部的"天空实验室"，就是由第三级火箭改制而成的。发射后10分钟，"天空实验室"进入高度为435千米，轨道倾角为50度的圆形轨道。

但是，在发射后的第63秒"天空实验室"发生了事故，涂有防热层的微流星防护罩，由于提前打开而被强劲的高速气流无情地撕毁了，并且将一块太阳能电池板吹到九霄云外去了，剩下的一块又被防护罩碎片紧紧地缠住，致使无法打开，结果不仅使实验室丧失了一半电力，也丧失了对太阳直射的防护能力，舱内温度直线上升，竟高达55℃左右。

由于大难临头，美国不得不延期发射与"天空实验室"对接的"阿波罗"飞船，而制定切实可行的救急计划。5月25日上午9时，阿波罗飞船飞向宇宙太空。飞船上有三名宇航员，他们是经验丰富的指令长查尔斯·康拉尔德（他参加过阿波罗12号的登月飞行）；医生约瑟夫·克尔温和保罗·韦茨。这艘飞船由指令舱和服务舱两部分组成。飞船起飞后，首先进入近地点为150千米、远地点为230千米的低椭圆轨道，随后服务舱的火箭发动机点火，飞船与飞行在高轨道上的"天空实验室"慢慢靠拢，对接成功后，三名宇航员立刻开始了紧张的活动。

首先宇航员从"天空实验室"的观测窗口将遮阳伞伸到窗外，伞自动打开遮挡阳光，后来又架设了遮阳的顶篷。劳动换来了成果，5月27日，"天空实验室"内的温度，终于降了下来，宇航员可以在里面生活和居住了。6月8日指令长勇敢地爬出舱外，用工具切除了缠绕在电池板上的防护罩碎片，使剩下的一块太阳能电池板开始工作。至此"天空实验室"的营救工作宣告成功了。发生事故，当然是大不幸，但对"天空实验室"的成功维修告诉人们：惊险而复杂的修理工作，在茫茫的太空中也是可以进行的。

三名宇航员作为"天空实验室"的第一批主人，在上面逗留了28天又50分钟，于6月23日离开"天空实验室"，乘着阿波罗飞船安全地返回了地面。

接着7月28日由阿朗·比恩指令长、奥恩·加利奥特和贾克·鲁斯马组成的第二批宇航员，乘飞船顺利到达"天空实验室"，在宇宙太空展开了59天的生活。

第三批去"天空实验室"的光荣使者，是指令长吉拉尔德·加，威利阿姆·波格和埃德瓦德·吉布逊，他们从1973年11月16日乘兴而去，至1974年2月8日胜利而归，在宇宙太空度过了颇有意义的84天，他们还在太空迎来了新的一年。

如前所述，"天空实验室"是由"土星5号"火箭的第三级改造而成，因而它的大小也与"土星5号"火箭等量齐观，长17.8米，直径6.6米，重88吨。当它和阿波罗飞船实现对接时，全长为36米。

"天空实验室"的主舱长15米，内部空间颇为壮观300多立方米，这相当于一间100平方米的会议室，作为空间站能有这样大的房间，是蔚为壮观的。舱内又分为上下两层，上层为工作区，下层是生活区。在上层安装着实验设备、水箱和库房，厨房、卧室、盥洗间、厕所、浴室乃至垃圾桶等安置在下层，真可谓考虑周密，应有尽有。在工作区和生活区中间有网格形地板相隔，在楼板中央开有一个洞代为楼梯。处于失重的状态下宇航员上下楼既不用电梯，也用不着费劲地上下走动，要想上楼，只需稍一蹬足，就可以飞身而上，而用手轻轻地推一下天花板，就能轻易地返回楼下，上楼下楼，来去自如。

三批宇航员在"天空实验室"总计长达 171 天的飞行中，争分夺秒地进行了多达 90 种的各类科学试验，其中包括太阳观测、地球资源勘察、空间技术、医学生物等许多学科。医学实验表明，处于长期的失重状态下，人类依然能够正常的生活和工作，这对于人类移居太空的大胆设想，是一个有力的支持。更为有趣的是，宇航员根据一位女大学生的建议，做了蜘蛛结网的实验，结果在失重的环境里，可爱的蜘蛛还是结出了比较稀疏的网，这说明生物有在太空中生存的能力。宇航员们还按预定计划，在宇宙太空进行了新材料、新工艺的研究，利用失重和高真空的特殊条件，冶炼了高质量的单晶硅、泡沫钢和其他一些合金。尤其使天文学家们羡慕的是，宇航员们还详细地观察了 75000 年才能在地球上看到一次的"科霍特"彗星。

　　自从 1974 年 2 月最后一批宇航员满载而归之后，"天空实验室"就停止了工作，不再接待"客人"。自此以后，它就像无人照管的"孤儿"一样，在宇宙太空毫无目的地游荡了五年零五个月。1979 年 7 月 1 日它葬身于南印度洋和澳大利亚西部，了却了它显赫的一生。

　　面对美国的成功，前苏联也不甘落后，奋起直追，它发射了六艘"礼炮号"空间站，其中 1977 年 9 月发射的"礼炮 6 号"，取得了颇为可观的成果，甚至在某些方面超过了"天空实验室"。

　　"礼炮 6 号"与"天空实验室"相比，就结构和规模而言，前者可谓稍逊风骚。

　　"礼炮 6 号"长约 16 米，最大直径约 4.2 米，大约仅为"天空实验室"的 1/5 重，内部空间也比较狭小，只及后者的 1/3。它的基本部分是一个工作区和生活区合二而一的工作舱。舱内众多的科学试验设备和丰富多彩的生活设施，交错的排列在一起，整个舱内满满当当、严严实实，只在中间保留了一条很窄的通道。"礼炮 6 号"由三块太阳能电池板供电，总面积为 60 平方米，发电量为 4 千瓦。

　　空间站与地面之间的运输工具是"联盟"号飞船，船上可以乘坐两名宇航员。"礼炮 6 号"自 1977 年 9 月发射，直至 1979 年 8 月，先后由 15 艘飞船接送，共接待了七批共 14 名宇航员。站内人数最多时达到了 4 人。

　　美国的"天空实验室"上的宇航员，所需要的氧气、食物和水诸物，都在发射时一起携带，中途不再补充，这样三名宇航员只要在上面工作半年，全部给养就会消耗完全。而"礼炮 6 号"与此相比，它能不断用"进步"号无人飞船运货上天，补充给养，所以宇航员能够在上面生活。比如 1979 年 2 月 26 日飞天的两名宇航员，在"礼炮 6 号"上生活了 175 天，这远远超过了美国宇航员在"天空实验室"生活 84 天的最高纪录。

　　"礼炮 6 号"配有变轨发动机，它的作用是，当空间站在运行过程中，因空气阻力而使轨道降低时，能使提高空间站的轨道，保证长期运行，不致陨落。据称，"礼炮6号"预计在宇宙太空工作5年，宇航员在上面生活的时间，将延长到半年。

随着世界航天技术的发展，人们进一步认识到太空将是人类生存的第四大自然环境。人们通过进入太空的实地考察，更加深入地理解和亲身感知到，太空具有地球大陆、海洋和稠密大气层三大自然环境所无可比拟的微重力、高洁净、高真空、大视野的独特自然环境。利用这个独特的自然环境从事各种实践活动，必将使各个高技术领域的迅猛发展，且带来巨大的经济、社会和军事效益。因此，在发射人造地球卫星和载人飞船以及载人登月之后，前苏联、美国、西欧等国都先后发展了这种可长期滞留太空，进行各种生产、生活和科学试验的载人空间站。

作为航天技术发展的另一种应用手段的空间站，是一种能载人的从事太空活动的巨型人造卫星体，它在美国称"空间站"，而前苏联叫"轨道站"。它是由一艘或几个舱室连接组合成的航天器，站里有保证空间航行管理所需要的仪器设备、从事各项太空实验和工业生产设施、保障宇航员正常生活的必备条件。这种航天器不仅可以用来进行太空实验、工业生产，在国民经济建设中具有重要作用，而且可以作为空间军事基地进行作战指挥、控制、侦察、通信、反卫星、反导弹以及在空间进行航天器的维修。新一代空间站可长期在空间轨道上运行，由单个舱室发展成由核心站和若干个自由飞行的航天器组成一个庞大的"复合体"，可在站上维修或更换仪器设备，由航天飞机或货运飞船及时补充工作和生活用品，轨道低了还可以自行推高。这样，它就可以长留太空，成为"永久性空间站"。站上工作人员也可长期正常生活和工作，成了真正的"天上人间"。同时，空间站又可成为人类飞往月球和火星，以及其他星际旅行的中转站，为人类开发宇宙、利用宇宙创造了重要的条件。

自从1971年前苏联发射第一个"礼炮"号空间站以来，全世界已有10座空间站进入太空，其中前苏联8座（"礼炮1号"~"礼炮5号"为第一代，6号~7号为第二代，第三代是"和平"1号），美国1座（"天空实验室"1号），西欧1座（"空间实验室"1号）。但截止到1992年只剩下一座（"和平"1号）仍在太空运行。实际上，因技术水平不够，这10座空间站还远不能称为"永久性"航天站。

在这期间，空间站在太空运行中进行了大量科学实验，取得了多方面的科研成果和经济、技术、军事效益，引起人们的高度重视。有条件的国家都在进一步抓紧研究、论证、试验和研制工作。从总体上看，这种处于极重要地位的特大型航天器，将是跨世纪的新一代"天骄"。

日行百万里的科学实验室

与一般的航天器相比，空间站规模宏大、容积宽阔、配置设备多、能源供应足、机动动力大，不仅可装载更多的仪器设备和更多的航天乘员，执行多种综合任务，更重要的是它的长寿命，这是它的一个突出的特点。空间站能在轨道上运行 5 年、8 年（"礼炮 6"号工作了 5 年，"礼炮 7"号工作了 8 年），甚至更长的 10 年、20 年、30 年。只要能及时供应、维修以及局部更新，就可以长期运行下去。而供宇航员工作、生活的必需条件犹如在地面一样，可使宇航员较长期驻站，也可定期或不定期地轮换。

空间站上配置多种专用仪器设备，可供宇航员进行多种工作，一人多事，或多人一事，根据工作的需要，合理地搭配组合。空间站上的宇航员能把人的独特功能完全发挥出来，可根据视觉、触觉等直观观察，准确判断所需考察的各种现象，遇有意外情况也能处理得及时得当。一句话，可以发挥人的主观思维能力，完成机器不能替代的工作，在轨遣上进行各种操作，实时处理各种信息，以及与地面站及时进行通信联络，沟通情况等。

空间站的仪器设备可以长期反复使用，若发生故障可及时修理、更换，充分发挥其长效作用。空间站的运行轨道可利用自身的机动动力系统及时调整，保证在预定的或需要变动的轨道上长期运行。空间站上工作、生活的必需品、原材料、加工的产品，以及考察、侦察的音像资料等各种物资，只需少量的载人（货运）飞船或航天飞机往返运输，就可以保证空间站的长期运行。

因此，说空间站是天上人间，就意味着它应具有如下七种设施功能：一是轨道实验室，配备完备的各种实验设备条件；二是长期观察台，具有各种光学、雷达、无线电、红外、激光等观测和侦察设备；三是物资贮藏库，能存放、周转各种物资；四是生产装配车间，具有生产各种太空产品的条件；五是空间转运港，包括物资、设备、航天器和人员转运，就类似于一个地面上的中转站一样；六是生活馆，能为宇航员提供正常的犹如地面高级宾馆一样的生活条件，不仅具备衣、食、住、行的各种条件，还有足够的活动空间和设施供宇航员休息、娱乐、锻炼身体等设施；七是空间站自身生存力，包括保持轨道运行、防护自救等设施。

若用上述条件来衡量，那此已经进入太空的空间站，有的部分达到上述要求，或说基本具备；有的则相距甚远，既无法保证其长寿命，也无法提供足够的工作、生活条件。因此，这些已经进入太空的空间站只能说是一种理想空间站的雏形，真正条件较好的唯一一座就要属"和平1号"了。

空间站的七大用途

通常情况下，空间站的用途有如下七种：①进行科学实验，利用站上各种实验室和舱外平台等设施，可进行各种科学实验活动，包括生命科学、生物工程、对地探测、天文观测和空间环境考察等多种空间学科的研究实验；②进行高新技术试验，利用站上的特殊环境条件，进行通信、太阳能、空间推进、对地遥感等多种技术领域的实验工作；③开发空间资源，利用空间站"得天独厚"的有利位置，可获得诸如超高空、超洁净、超真空、超无菌、超微重力以及超阳光辐射等地面上不具备的自然条件，进行多种生产、科研活动；④发展空间产业，利用站上所获得的空间资源，进行特种材料加工和医药生产以及种种新产品生产；⑤在轨服务，可在站上对本体维修，还可对其他航天器进行维修，设备的更新换代，建造大型空间设备等服务活动：⑥太空驿站，可作为飞往月球、火星等各大行星的过渡站、加油站、换乘站、供应站等；⑦军事作战，这是所有航天器的共有的用途，但空间站有其得天独厚的有利条件，成为外层空间的第四战场指挥中心，可从事各种军事活动，包括侦察、照相、太空兵器发射和试验、指挥控制、协调联络等，无疑可成为"天军"的作战司令部。

空间站的基本构成

一般来说，空间站的基本构架是由大型运载火箭发射入轨，本体可以载人入轨，也可先不载人，随后上人，或短期上人，长期自行工作。根据实际需要，随后发射货运飞船或航天飞机把有效载荷运送入轨与之对接，采取积木式建造逐步扩展。

空间站通常是由本体即中心构架、对接舱、气闸舱、轨道舱、生活舱、服务舱、专用设备舱和太阳能电池阵列板等组成的。

（1）对接舱。用于停靠飞船、航天飞机和各种航天器，一般有两个以上，开始的"礼炮1号"～"礼炮5号"只有一个对接舱口，到"礼炮6号"～"礼炮7号"增加为两个，而"和平"1号已达6个，未来的航天站将有12至20个。

（2）气闸舱。用于密压舱段与真空空间之间的隔离段，为宇航员进出站内外提供必经的过渡通道，设有两道舱门，分别与密压舱和外壳舱相连。一般来说，宇航员要在气闸舱内吸纯氧3.5小时以上才能出站活动，这叫"吸氧排氮"的"人体处理"。

（3）轨道舱。用于宇航员的工作场所，包括实验室、加工室、空间站控制室和修理间。舱内的人造环境条件与和地球常规环境、压力、温度、湿度等地面自然条件相同。

（4）生活舱。用于宇航员吃、住和休息娱乐，一般设有卧室、餐厅、卫生间等，宇航员还能洗澡，沿"微型跑道"跑步，骑"自行车记功器"锻炼身体，以及散步；看电视，与地面通过可视电话进行聊天、联络等。其舱内自然环境条件也和轨道舱一样。

（5）专用设备舱。根据特定任务而设置的可安装专用仪器设备的舱段，如空间探测器、天文望远镜、各种测试仪、遥控侦察照相机以及电视摄像机等。

（6）服务舱。用于装备推进系统，即作为机动转移、调姿、加速、减速、侧滑等动力设置，气源和电源等能源保障设施，以供全站使用。

（7）太阳能电池阵列板。它是站载各种设施的用电电源。

尽管不断地改进和完善已上天的空间站，其工作条件和生活环境已有了很大改善，但仍是风险度很大的一个特殊空间。首先，来自轨道上的外界威胁，时刻困扰着宇航员，且不说人为的有意的袭击和巨大不明飞行物的撞击，就是仅仅一颗重量只有 10 毫克的微流星，若与每秒数十千米速度飞行的空间站相撞，都有可能击穿其舷窗玻璃，更大的微流星则会击穿其舱壁，使站内空气迅速泄露而导致舰天员窒息而死的严重事故。还有，舱内如失火、气体爆炸、重要机器失灵，都可能导致人身伤亡。因此，在空间站外通常都停靠着一艘载人飞船，随时准备救援。有人将这种救援船称为"轨道救生艇"。

除此之外，当今的空间站还有许多重大技术问题有待解决。例如，空间站上的生活用水、用氧和食品，都要从地面派货运飞船送上去，仅此一项三名宇航员一个月生活就需重达 1 吨的氧、水和食品；要长期驻站生活，自给自足是势在必行，如何解决是个难题。再如，宇航员走出舱外要经"吸氧排氮"，费时费力，也不适应经常要进出舱口活动的需要，也要设法解决；还有，站上能源供应紧张，太阳能电池只有 4 千瓦，远不够用，这些都要进一步改进和完善。

空间站的总体结构形式也在不断改进。开始时是舱段式的，后来改为多对接口复合式，现已开始向桁架挂舱式发展。

目前已上天的空间站其实质都不是永久性的，所谓"永久性空间站"是指在长寿命基础上增加轨道上的替换、补给和维修能力，使空间站的寿命延长到不再需要时为止。

因此，空间站的概念也在不断发生着改变，从"长寿命"（5 年～10 年）到"永久性"（无年限）是航天技术的一大飞跃和突破。有史以来，空间站上天的并不多，只有 10 座，但空间站的重要性促使科学家们对"永久性"空间站的概念不断扩大，已突破了由单一密封舱段组成的整体，发展为一列"太空列车"的航天器群，除包括大型中心桁架、多个密封舱、非密封舱和太阳能帆板外，还包括同轨平台、极轨平台、轨道机动飞行器、轨道转移飞行器（即"空间渡船"）、"太空自行车"、跟踪和数据中继卫星等。这些航天器都是永久性空间站的一部分，是空间站的有机群体，可以完成更繁杂、更庞大的各种航天任务。

从宏观上看，当代空间站都属于短寿命或长寿命这两种类型，未来的空间站将有两个发展趋势，其一是发展为大型的永久性载人空间站；另一是短期上人、长期自主工作的小规模空间站。前者就是美国正在研制的"自由"号永久性空间站；后者就是美国于 1993 年发射上天的"空间工业设施"。非常凑巧的是，1990 年 5 月，在日本东京召开的第 17 届国际空间技术和科学会议上，日本也提出了一种短期上人、长期自主工作的"载人服务平台"的设想。各国将根据各自实际条件，选择自己的发展道路。

设施齐全的空间站

空间站是令人向往的，基本身又带有几分神秘色彩。美国将在太空建立永久性空间站。居住在地球上的每一个人，谁不想了解宇航员在太空中是怎样生活的呢？

空间站厨房设备相当齐全，有冷藏柜、冰箱、洗碟机、垃圾压实机和两台对流恒温器。尤其令人愉快的是，它还有一台自动化存货报表控制系统，可以自动记录下被吃掉的食品，通知地面供应站，下一次飞往空间站的航天飞机应带来什么食品。厨房里的餐桌，既当作工作台又可当作游艺桌用。桌面是磁化的，可以吸住刀、叉、匙、剪、棋盘等。空间站上有微波炉，宇航员已不像航天飞机的宇航员那样吃加水复原的脱水食品。在空间站的厨房里，用极短的时间就可以把饭菜烹饪好。空间站上的8名乘员将在一起吃饭，每人每餐都可以吃到3盘热乎乎的食品。

你也许有个疑惑，在空间站密封的环境里烹调食物，如何排走产生的气味与烟雾呢？不必担心，厨房里装有一台特殊的催化转换器，它能把气味和烟雾化为乌有，以保持空间站内的清洁。

空间站的盥洗室是由两部分组成的，一是配有淋浴、小便池和洗脸设备的个人卫生间；二是配有马桶和小便池的废物管哩舱。用拉门或卷帘将这两部分隔开。

由于失重，宇航员都有一个自己使用的尿壶。它是像漏斗一样的奇妙装置，与一软管相连。软管中有气流流过，把尿吸出并排走。

你知道吗？在太空中洗澡是一件很有趣的事情，浴室是一个密封的小隔间，以防水飘浮到外面去引起站内的电器短路及造成其它麻烦。

未来空间站上用的洗衣机是用一个囊袋把衣物和水包起来，使两者在失重状态下混合在一起。洗衣机的中间没有波轮，它靠囊袋外面的洗涤器转动，通过摩擦力带动衣服和水旋转。衣服洗完后，洗涤器外部的离心机筐旋转起来，借助离心力把水甩出。当然用过的水还要进行净化回收，以便再次使用。洗衣机内还设有烘干箱，它可以把洗净的衣服很快烘干。

为了保证宇航员有一个舒适的睡眠环境，在未来空间站里，将把生活区和工作区用一些专用设备区分开。在专用设备区里，只有机器设备运转时发出的轻微嗡嗡声。这样，当正在工作的宇航员走在过道里时，就不会将正在酣睡的宇航员惊醒了。

宇航员都将有一个 4.25 立方米的个人宿舍，摆有各种各样的家庭用品，如图片、书籍、磁带录音机、盒式磁带录像机和电视机等。为宇航员提供了一个舒适的睡眠环境，也使宇航员有了一个独处的空间。

未来空间站的厨房旁边设有可容纳全部宇航员的活动室。它既是餐厅，又是会议室，还是风景观赏地和进行娱乐活动的地方。室内配有电视机、录音机、录像机、书刊、写字台以及摄像设备。

集体活动室和个人卧室的电视机是一种多用途设备。宇航员既可用它与地球上的家人见面、谈话，实时收看电视节目，又可以把它作为与地球上的飞行控制系统进行联系的视频装置。

空间站空间大，舱室多，为宇航员提供了舒适的生活、工作及娱乐、锻炼等设施，人们将快乐地生活在"天上人间"。

进行舱外作业

在人类征服太空的过程中，宇航员走出密闭座舱到太空作业是极为重要和不可或缺的航天活动之一。登月探险、修复失效的卫星、维修卫星的太阳能帆板等所取得的成果，都是宇航员舱外作业取得的卓越功绩。自从第一艘飞船进入太空起，人们就在考虑宇航员出舱活动的问题。1965 年 3 月 18 日，前苏联宇航员列昂诺夫走出"上升"号宇宙飞船，到太空活动了 34 分钟，成为世界上第一个走出座舱进入太空活动的人。随后不久，美国宇航员怀特也进行了舱外活动。

那么，宇航员到舱外活动危险吗？太空环境恶劣，人随时都会出危险，因此需要有完善的生命安全保护措施，才能保障宇航员的生命安全，免遭太空恶劣环境的侵害，有效地进行太空作业。这种保护措施就是舱外活动航天服及其配套的生命保障系统。航天服是一种多层次的气密服装，其结构复杂，配套设备有头盔、手套和靴子。它具有供氧、维持服装压力、通风降温、清除二氧化碳等功能，而这些功能要依赖于航天服的生命保障系统。

初期的舱外活动生命保障系统，是用一根与舱内生命保障系统相通的管道（长约 18 米），通到航天服内，为宇航员提供氧气和维持服装内的压力。这种方式类似婴儿的血液通过脐带由母体供给，故称"脐带式生命保障系统"。这种生命保障系统将宇航员的活动范围局限在航天器周围，并且脐带容易缠绕，易发生危险。

随着航天活动的扩大，舱外作业越来越多，如登月活动、太空修理活动等，脐带式生命保障系统就远远不能满足航天活动的要求了。因此，人们为宇航员研制了几种功能齐全、结构紧凑的便携式舱外活动航天服及其生命保障系统，它与舱内的生命保障系统是完全分开、独立的。如登月用的便携式生命保障系统是一个自成体系的小背包，背在宇航员身上。它为登月活动的宇航员提供呼吸用氧、温度与湿度控制、二氧化碳和废气净化，能保证宇航员在月球上工作 4 小时。价格昂贵的美国航天飞机便携式生命保障系统，总重（含航天服）为 118 千克，航天服的压力为 26 千帕～30 千帕，二氧化碳的允许压力小于 1.01 千帕，航天服的通风量为 5 升/时，这套系统贮水量为 4.2 千克，氧贮量为 0.55 千克，可供宇航员使用 7 小时。

这套便携式生命保障系统与航天服是配套的，组成一个整体，它主要包括以下几个部分。

　　（1）氧气的贮存和控制分系统。其功能是为宇航员提供氧气，并对航天服加压。

　　（2）氧气通风分系统。它将冷却净化的新鲜空气送入航天服内，供宇航员呼吸，并带走呼吸代谢产生的二氧化碳、有害气体和部分废热。

　　（3）液体冷却分系统。它是通过液冷服扩散宇航员在舱外活动期间代谢产生的废热和外界辐射到航天服内的热量。

　　（4）供水和废水回收分系统。它为散热装置和液体冷却分系统提供消耗的水，贮存从水分离器分离的冷凝水。可以说它是在失重条件下保证供水的系统。

　　除此之外，还有通信和遥测分系统以及其他一些设备。

　　在大空只要携带生命保障系统，宇航员用不着担心害怕，安全就有了可靠的保障。

生活在空间站

人类能在太空中长期生活吗？人体能克服长期失重的不良影响吗？……这些都是人们不解的问题。然而在 1988 年，前苏联两名宇航员在太空创下连续飞行 366 天的新纪录给出了这些回答。

1987 年 2 月 6 日夜，"联盟" TM2 号飞船，载着宇航员罗曼年科和拉维金进入太空。2 月 8 日，"联盟" TM2 号成功地与"和平"号空间站对接，两名宇航员随后进入"和平"号空间站工作。罗曼年科在太空连续飞行 326 昼夜，创造了人类长期太空飞行的世界纪录，尽管这个纪录后来又被其他宇航员刷新，但在航天史上却写下了值得纪念的一页。

两名宇航员除了工作之外，常遥望人类的故乡——地球。他们在离地面三四百千米之遥的太空，可以看到地球的弧形边缘，地球的美景，美国的深谷，中国的长城、江河都一一映入他们的眼帘。最为壮观的还是日出和日落的瑰丽景象，玫瑰色、蓝色、浅蓝色交织在一起，形成一幅精美的油画。

为了防止航天员出现心理障碍，前苏联地面指挥中心每天晚上与宇航员通话一次，报告宇航员家人的情况，妻子在做什么，孩子学习怎样，朋友和同事中发生了什么新鲜事，且每星期日都能通过双向电视与家人会面和交谈。罗曼年科与妻子的会面十分有趣。妻子告诉他，家里正修理住宅。罗曼年科立即提出意见，他还跟妻子开玩笑说："如果在我返回之前还修理不好，我就请求延长在太空飞行时间……"

将太空的业余生活安排得丰富多彩，也可以预防心理上的孤独感。宇航员工作之余可以锻炼身体、看电视、读书、听音乐，罗曼年科还迷上了歌词创作……

12 月 29 日，在失重的太空中飞行 326 天的罗曼年科，乘坐"联盟" TM3 号飞船返回地球，季托夫和马纳罗夫留在"和平"号空间站，继续他们在太空中一年的生活和工作。

人们带着崇敬的心情迎接凯旋的太空英雄，罗曼年科一下子成为了为全世界所瞩目的新闻人物。

空间站的优越性

空间站是一种大型的、长期在天上运行的载人航天器，相对于以往的其他类型的航天器，空间站具有其他航天器无法比拟的特征和优越性。

经济性是空间站所具备的重要特征之一。众所周知，以往的载人航天器都是发射之前宇航员就要进入航天器舱内，并与航天器一起发射入轨。完成飞行任务后，航天器再载着宇航员返回地面。对于这类航天器的一个最基本的要求就是必须具备很高的可靠性，以保障在发射和返回过程中宇航员的安全。同时，还要配备应急救生系统，以便在突出不测时，携带航天员逃离危险区，然后安全着陆。宇航员救生系统，是一个结构相当复杂、试验工作量很大、要求很高的分系统。对于载人航天器的高可靠性要求及宇航员救生系统的装配，使整个航天器的设计、制造难度增大，造价增高。然而空间站在发射时不载人，而是在发射后在轨道上接纳宇航员，同时它本身又是一种不返回的航天器。这样一来就大大简化了航天器的结构，使设计的难度和复杂程度有所降低，从而也就极大地降低了研制成本。

空间站是一种长期在轨道上运行的航天器，在整个运行过程中，它有时载人，有时不载人、自主飞行。许多考察项目和试验研究的进行，要求必须有人亲自操作和经常性关照。然而也有些项目并不需要宇航员从始至终都参与，只要开始时由宇航员启动并调试好仪器设备，以后定期进行检查，最后获取成果就可以了。所以宇航员可以经常离站暂时回到地球老家上。这既不影响考察工作的继续进行，又免去了站上许多消费。

空间站的经济性还充分体现在它的寿命长上。对于以往的航天器来说，要想获得长寿命，一方面必须通过增大航天器的容积，尽量在发射时多装载燃料和供宇航员生活的消耗品；另一方面要努力提高舱上所有分系统、仪器、设备，乃至各零部件的可靠性和使用寿命。这不仅涉及对航天器本身结构、运载工具及发射场能力的一系列要求，而且涉及对元器件生产质量等整个国家工业化水平这样的要求。因此高要求必然导致高投资。但如果有朝一日，轨道上的航天器能像地面上的机器和设备一样，消耗材料和物资可以根据实际需要及时补给，哪些地方出了故障可以及时维修和排除，零部件坏了可以更换，上面的仪器和设备还能不断更新换代，那么航天器的寿命问题也就随之解决了。现在的空间站，特别是前苏联的轨道站，就已经很好地把这个问题解决了，并且极大地延长了其工作寿命。

寿命与其使用价值和经济效益是成正比的。

空间站的另一突出特征及优越性就是它的综合应用性和高效性。一般说来，空间站主体本身就具有较大的容积，这为安装多种或大尺寸的实验设备和仪器提供了必要的条件，从而使研究的范围和规模扩大化。不仅如此，空间站主体上可以设计多个对接接口，并根据需要在轨道上与后来陆续发射的各种专用舱对接组配成更大型的轨道复合体。每个后对接上去的专用舱也可以再有数个对接口，继续与其他航天器和其他专用舱对接……从理论上讲，这种模块式的在轨组装方式，可以不断地扩大研究规模，使空间站的功能无限制地增加。若干个航天器或专用舱，既可以在轨道上对接组合成一体，又可以分离和再组装。这样就可以根据需要改变航天站的功能。功能多、灵活性强、用途广、利用率高等优越性，是过去功能单一的航天器（如气象卫星、通信卫星等）所不具备的。

另外，数月乃至数年的长时间运行，保证了天上研究工作的连续性和深入性。各行各业的专家、宇航员亲自操纵实验的进行，现场观察和评定研究结果，实验方案和方法的不断完善、对于研究的逐步深化和研究质量的提高具有直接和重要作用。

"礼炮号"空间站

20世纪60年代，前苏联就载人登月问题与美国展开了一场激烈的竞争。由于种种原因，前苏联载人登月的活动未能成功，继而采取了一条由飞船到空间站，集中力量优先发展空间站的政策。经过数年的努力，终于取得预期成果，于1971年4月19日发射了名为"礼炮1号"的空间站，这也是世界上第一座空间站。到1982年4月19日的整整10年间先后发射了8座"礼炮号"，除一座因故入轨后解体未能工作外，具余7座均正常运行。到1986年8月"礼炮7号"在太空轨道上中止载人飞行为止，15年间共接待宇航员42批94人次驻站工作。这期间空间站上基本上没有中断过载人飞行，共计飞行1700多天/人，最长的一次是一批人连续飞行237天，并与"联盟"号载人飞船和"进步"号无人货船多次对接构成配套系统，取得丰硕的科研成果和长期载人航天飞行经验，开创了航天史的空间站技术的先河，为人类航天事业的发展做出了突出贡献。

"礼炮"号轨道空间站的研制和发射，在前苏联空间技术的发展计划中，是一个重要的阶段。截至1979年初为止，前苏联先后发射了6艘"礼炮号"轨道空间站。据分析，"礼炮号"可分为两种型号："礼炮1号"、4号和6号是科研型，"礼炮2号"、3号和5号是军用型。"礼炮"号轨道空间站重约19吨，长16米左右，最大直径4米多，由工作舱、过渡舱和服务舱3部分组成。

对接舱口的布局不同是科研型和军用型两类空间站在设计上的主要区别。军用型的对接舱口在站体的后部，科研型的则在站体的前部。而"礼炮6"号在站体前部有两个对接舱口，可同时连接一个"联盟"号飞船与一个"进步"号载货飞船。科研型和军用型的太阳能电池帆板的位置也不相同。军用型太阳能电池帆板的位置比科研型的靠后。这两者总体结构也不同。军用型和科研型的外形结构虽然基本相同，但内部设备布局却不同。军用型内装有1台大型侦察照相机，并至少有1个回收舱以便将所拍的胶卷按时送回地面。"礼炮3号"和5号空间站均曾将有胶卷的回收舱送回地面。这种回收舱一般是在宇航员离开空间站之后方与站体分离。军用型的"礼炮"号空间站之所以将太阳能电池帆板往后配置，并将对接舱口设在站体后部，可能都是为了使回收舱和站体基本结构连成一体。"礼炮3号"和5号两种军用型号的主要目的将是进行照相侦察，其次是进行高能技术在武器上可能性的研究应用。

短寿命的第一代空间站

　　科学家们将"礼炮1号"~"礼炮5号"划为第一代空间站。这5座航天站寿命一座比一座长，驻站宇航员工作天数越来越多，进行的科研项目和内容也逐渐增多，在这期间多次与载人飞船对接，还试验了由不载人的"联盟20号"飞船给"礼炮4号"运送燃料，从而使它在太空中运行的时间延长到15个月，这对于向"长寿命空间站"方向发展来说，意义重大。

　　第一代空间站纯属试验性飞行，但也取得了许多重要成果，特别是证明人能够在太空失重条件下长期生活，还进行了空间站与宇宙飞船的对接试验和演练，为以后组成多元复合体积累了经验，同时在空间站上开展了冶金和晶体生长等实验工作。只有一个对接舱口是第一代空间站存在的主要问题，这意味着只能与一艘飞船对接，而这艘飞船又担负"轨道救生艇"的值班任务，因此使后勤补给问题难以解决。加之乘员工作、生活舱容积很小，所带生活用品和实验用品有限，因而极大地限制了宇航员驻站时间和实验工作。

　　"礼炮1号"空间站由对接过渡舱、轨道工作舱和服务舱等三大部分组成，总重18.5吨，最大直径4米，总长12.5米。

　　对接过渡舱是直径2米的圆筒。它有一个供"联盟"号飞船停靠的对接舱口。"联盟"号飞船和"礼炮1号"对接后，飞船里的宇航员从这里进入"礼炮1号"。对接过渡舱里装有一部分天体物理仪器和控制仪表板。

　　轨道工作舱由直径为3米和4米的两个圆筒组成。它既是宇航员的工作场所，也是宇航员睡觉和休息的地方。这里有大量的仪器、仪表和控制板，其中有一台高达3米的大型锥状望远镜，名义上是用来观测太阳，实际上很可能是用来对地面侦察。轨道工作舱的两边是气体再生和过滤设备，以及生物医学的研究仪器。舱里气压是一个大气压，温度大约在17℃左右，使宇航员在那里像在地面一样舒适。

　　服务舱在"礼炮1号"的最后边，它是一个直径2米的圆筒，里面装有变轨发动机和推进剂。"礼炮1号"通常在离地面250千米高的近地轨道上飞行。它离地面的高度比美国的"天空实验室"还要低（"天空实验室"离地面是430千米），因而容易看清地面目标。但是，离地面越近，空气阻力就越大，空间站的飞行寿命也就越短。"礼炮1号"有了变轨发动机，就可以随时开动变轨发动机来修正飞行轨道，延长飞行寿命。这是"礼炮1号"比"天空实验室"优越的地方。

在对接过渡舱和服务舱外面，装有4块太阳能电池帆板，它提供"礼炮1"号全部仪器设备所需要的电能。

从"礼炮2号"到"礼炮5号"，结构上作了两项重大的改进：

第一项，减少了一块太阳能电池帆板，三块太阳能电池帆板装在轨道工作舱的外面。这些帆板在轨道上展开后，能对准太阳，这样不仅使太阳能电池的供电效率有了提主，而且能对空间站起平衡稳定作用。

第二项，在对接过渡舱里增加了一个空气锁，使"礼炮号"的宇航员能通过这里到宇宙空间去工作和活动。

从1号到5号的"礼炮号"只有一个对接舱口，因而只能停靠一艘"联盟"号飞船。"礼炮6号"又增加了一个对接窗口，使得两艘"联盟号"飞船能同时停靠在"礼炮6号"上。

在"礼炮号"空间站上，进行了天文、地理、医学和材料加工等方面大量科学研究，获取了许多重要的科学资料；其中3号和5号两艘还专门执行军事任务，进行搜集军事情报。但是，前苏联也为此付出了极大的代价。

"礼炮1号"于1971年4月19日进入近地点是200千米、远地点是222千米的绕地球椭圆轨道。过了一个半月，三名宇航员乘坐"联盟11号"飞船于6月6日莫斯科时间上午7时分起飞，前往"礼炮1"号。"联盟11号"进入几乎和"礼炮1号"相同平面的轨道，但是高度相对来说要低一些（近地点是185千米，远地点是270千米）。之后，宇航员开动飞船的变轨发动机，去追踪"礼炮1号"，并于第二天莫斯科时间上午10时45分和"礼炮1号"成功对接在一起，三名宇航员通过对接舱口爬进"礼炮1号"轨道工作舱。第三天，宇航员开动"礼炮1号"的变轨发动机，把"礼炮1号"和"联盟11号"一起推向离地面250千米的圆形轨道。三名宇航员在"礼炮1号"里工作和生活了21天。到6月29日，莫斯科时间21时28分，三名宇航员带着飞行日记和试验结果离开了"礼炮1号"，返回"联盟11号"飞船。一切都进行得非常顺利。出人意料的顺利，使三名宇航员欣喜若狂，因为等待着他们的将是欢迎的人群和美丽的鲜花，以及接踵而来的颂扬、勋章、升官……于是，飞船指令长得意地向地面报告说："飞船上的一切都很满意。我们的情况好极了。我们准备返回。"地面控制站也兴高采烈地回答道："你们好！我们很快就要在你们出生的地球上见面了。""谢谢！现在我们开始返回。"接着，他就驾驶飞船离开"礼炮1号"，开始返回地面。6月30日莫斯科时间凌晨 1 时 35 分，宇航员开动飞船制动火箭，使飞船脱离了轨道。1 时 47 分 27 秒，"联盟 11 号"和地面之间的通信中断。飞船进入大气层减速，此后，在离地面 7 千米的高度打开了主伞，在离地面 1 米处软着陆缓冲火箭点火，平稳着陆。地面搜索直升机很快发现了它。当回收人员满怀希望地赶到那里，打开飞船的舱时，眼前的景象把他们惊呆了。原来，三名宇航员已经死在座椅上。这次空间悲剧，对前苏联空间技术的发展是一次重大打击，使前苏联的载人飞行研究几乎停止了两年，直到 1973 年 4 月才继续发射"礼炮 2 号"，可是偏偏又一个"短命鬼"，"礼炮 2 号"入轨以后，没有几天时间就因剧烈的振动，使壳体破裂，离开轨道坠入了大西洋。

不断改进的第二代空间站

经过科学家们的不断研究改进，使第二代空间站"礼炮6号"和"礼炮7号"都增加了一个对接舱口，都拥有了两个对接舱口，这样，就可以同时与两艘飞船组成轨道复合体，一个舱口接待"联盟"号载人飞船，另一个舱口可供"进步"号货运飞船定期往返空间站对接之用，为宇航员及时补充工作生活必需品。这样，不仅可以扩展宇航员的活动范围，还使空间站停留时间明显增长，使空间站向长寿命方面又迈进了一步。

在第二代"礼炮号"空间站上，安装了许多新型设备，其中最有趣的是"航天体育场"，这是供宇航员锻炼身体的场所。在场内设置了许多奇特的体育活动器具，例如：

微型跑道。这是一种皮带式滚道，宇航员一跑上去，就被约490牛顿的皮带拉力向后拉，迫使宇航员不断地"向前跑"，实际上就是保持原地不动。每天要跑不少于3千米~4千米。

自行车记功器。它并没有车轮，也不会前进，而是在地板滚轮上有一块轻质锻板和塑料相结合的板，人踏在板子上，身体被4根弹性安全带固定起来，手扶"车把"，两脚踩动踏板，同时通过传感器把脚踏的"功"记录并显示出来，规定宇航员每天要"骑行"不少于4千米~4.5千米。

负压力裤。这是一种专用的特殊航天服，穿上这种航天服打开专用泵，把"裤子"里的空气抽出来，使血液从头部向下肢流动，给人体增加负荷，让人克服失重影响，使血液得以重新分配。

还有"弹射拉力器"等等。这些器材都有自动记录装置并及时传给地面指挥中心，使航天医生及时掌握宇航员的身体情况。

于1977年9月29日发射上天的"礼炮6号"在太空先后接待了30艘"联盟号"和"联盟-T号"载人飞船与"进步"号货运飞船，使驻站16批33名宇航员累计载人飞行676天/人，完成了科学实验计划120多项，拍摄了一万多张照片。宇航员还在站上进行了相当复杂的安装修理工作。例如，1979年两名宇航员在太空拆除了一座射电天文望远镜"KPT-10"的天线；1980年三名宇航员更换了温度调节系统的水泵唧板；1980年两名宇航员创造了连续飞行185天的当时最高纪录。最后，这座空间站最后又在无人状态下自主工作了 8 个月，提供了许多重要的科学考察资料。直至 1982 年 7 月 29 日才坠入大气层烧毁。

前苏联的"礼炮 6 号"空间站是 1977 年 9 月 29 日在提尤腊塔姆空间发射场发射的。"礼炮 6 号"所进入的初始轨道近地点 219 千米、远地点 275 千米，轨道倾角 51.6°、周期 89.1 分。"礼炮 6 号"主要由一个服务舱和两个可居住的密封舱组成。这两个密封舱其中一个是过渡舱，位于站体后边，另一个是工作舱。工作舱是由两个不同直径的圆柱体构成，中间同舱伺段连接起来，整个工作舱长 9 米。"礼炮 6 号"前后有两个对接装置和 20 多个观测窗口，"礼炮 6 号"所装载的观测仪器设备，比以前各型号所载仪器有所改进。当"礼炮 6 号"同两艘"联盟号"飞船对接后的总长可达 30 米，总重约 32 吨。

工作舱是空间站的中心。舱内设有各种仪器设备、控制中心、电传打字机及宇航员体育锻炼设施、卫生设备、医学监控设备、废品贮存容器、两架遥控照相机等。过渡舱设有天文观测、定向设备、照相控制设备等。在过渡舱和工作舱的舱间段中，装有所有的生物医学设备，以及光谱仪、多光谱摄像机、两台黑白站内摄影机、三台站外摄影机和一台彩色摄影机。服务舱呈圆柱形，由螺栓固定在工作舱后面。舱内装有机动变轨发动机系统、燃料箱、气瓶、供电线路设备、姿态控制发动机、交会信标、电视摄像机、无线电天线系统、对接装置闪烁信号灯、太阳能电池帆板、对日定向设备等。3 块大型太阳能电池帆板安装在轨道站的工作舱外部。这些帆板在入轨后自行展开，分别对准太阳。展开的帆板还对空间站起着稳定平衡作用，以防空间站翻转。3 块太阳能电池帆板的光电面积为 60 平方米，可提供 4000 瓦的电能。

"礼炮 6 号"除进行了一系列军事侦察活动外，还进行了一系列空间科学研究活动。例如对地摄影，拍摄了西伯利亚中、西部的图片，观测了极区冰块、海洋、陆地，以及非洲森林火灾、洪水灾情等情况。在天文观测中，宇航员用红外望远镜和小型光学望远镜，观察了木星和天狼星的运动、银河系中心、星际氢云、猎户星云、北美加拿大上空的北极光，测量了与天气预报有关的高层大气及其红外辐射等。空间材料制造，在空间失重条件下进行了焊接、制造新型合成材料和半导体材料的试验；对失重条件下金属熔化的扩散过程等进行了研究。生物医学实验研究了蝌蚪在空间环境中的繁殖情况，做了水藻球的生长实验，观测了宇航员心血管系统等。

"礼炮 6 号"空间站入轨后，于 1977 年 10 月 29 日首次与"联盟 25 号"进行了对接试验，但由于"联盟 25"号对接装置发生故障而失败。随后"礼炮 6 号"与"联盟"26 号、27 号、28 号、29 号、30 号，31 号、32 号这七艘飞船成功对接，又与"进步"1号、2号、3号、4号无人运输飞船成功对接，从而实现了两艘飞船同时与"礼炮6号"空间站前后对接飞行。然而在这一系列对接试验飞行成功之后，"联盟33号"却再次发生了故障而导致对接失败。

"礼炮1号"于1971年4月19日发射，仅与"联盟11号"对接成功。"礼炮2号"于1973年4月3日进入轨道，入轨后4小时，4块太阳能电池帆板与空间站本体脱离，在飞行11天后，整个空间站自行解体，以失败告终。"礼炮3号"首发未能进入轨道于太平洋上空坠毁，因不能公开宣布而混编在"宇宙"号系列中，借以掩人耳目。1974年6月30日又补发了"礼炮3号"，入轨后"礼炮3号"仅与"联盟14号"对接成功。1974年12月26日发射的"礼炮4号"与"联盟"17号、19号、20号进行了对接飞行。"礼炮5号"1976年6月22日入轨后与"联盟21号"进行了对接飞行，不久之后进入大气层烧毁。

"礼炮7"号空间站于1982年4月19日发射上天。先后共接待11批28名宇航员，驻站机组人员中有包括第一个女宇航员萨维茨卡娅的混合乘员组，还创造了三名宇航员1984年在太空连续飞行237天的最高纪录。新型空间站其基本构造与"礼炮6号"大同小异，还为宇航员准备了新型航天服和专用修理工具，使宇航员可在站上对任何部位进行维修以及更换部件。例如，两名宇航员修复了出了故障的站载机动发动机，使它能继续正常运行，延长了空间站的寿命；更有意义的是两名宇航员操纵的载人飞船成功地与已不能工作的"礼炮7号"对接，然后进入空间站内将故障排除，使它又重新开始工作。当时这件事在世界航天界引起了极大的震动，认为就其操作复杂程度和风险程度来说，都是航天史上没有先例的壮举。

在这期间，"礼炮7号"在载人运行1250天中曾先后与无人货运飞船"宇宙-1686"、"宇宙-1443"、载人飞船"联盟-T-9号"、"联盟-T-15号"等10艘载人飞船实现了航天器太空"三位一体"的对接航行，这也是人类航天史上的首次。

这种对接的技术要求很严格，对宇航员和空间站都是一场严峻的挑战；例如：1982年4月"礼炮7号"发射上天后，到1983年3月又发射了新型无人货运飞船"宇宙1443号"。上天后不久，这个大型航天器自动对接成功，这在当时已算"常规动作"了。随后不久，同年6月27日，载人宇宙飞船"联盟-T-9号"也发射入轨，这次要进行一次"前无古人"的"三位一体"太空对接。经过绕地球飞行一天的对接准备工作，在最后一圈时要完成与"礼炮7号"及"宇宙-1443"的对接。

对接最重要的动作是首先保证使它们的运行轨道完全一致，然后是要求准确性极高。"联盟－T－9号"宇航员使之追赶到与空间站还有110米的距离时，就完全靠自动驾驶仪以每秒90厘米的速度自动接近。到接近完全靠在一起时，地面指挥中心发出指令："对接！"后两个航天器开始缓慢地"软接触"。首先是定向杆轻轻地插入对接框的槽内，减震器开始工作，确保两个庞然大物不会互相猛力碰撞。当然，这次对接是全自动的，完全达到了完美的程度，只经过20秒后电网接头等也对接连好。"对接成功！"如此复杂高超的工作，仅用了15分钟就在太空中完成了，这不得不令人叹为观止。当时，就引起了世人的极大振奋，传为佳话，这为以后的多元复合体的组成提供了重要经验。

　　在很好地完成了各项预定任务后，"礼炮7号"于1986年8月停止了载人飞行，与"宇宙1686号"无人货运飞船组成的"两位一体"空间复合体转移到更高的轨道上飞行，并继续自动地收集、发回站上各系统工作数据，为研制未来的宇宙复合体、轨道平台提供依据。就是这个"礼炮7号"空间站创造了最终工作寿命达8年之久的最高纪录。但是，"礼炮7号"也存在弱点，其主要弱点是：座舱越来越显得狭小，使本应装在工作舱的许多设备被迫塞进了居住舱；空间站内部操纵自动化程度还不够高；两个对接口还是太少等，这些都亟待改进。

"和平"号空间站

　　1986 年 2 月 20 日，前苏联用"质子"火箭发射了第三代"礼炮"的改进型"和平"空间站（21 吨），它长 13 米，有 6 个对接口。前后对接口接纳"载人联盟 TM"（2 名～3 名宇航员 6.1 吨）和"进步"运输船 M（7.1 吨）。主站侧面的 4 个对接口，接收专用舱。经过一年的试飞验证其性能后，前苏联于 1987 年 4 月 9 日发射了"量子－1"天体物理舱（11 吨）。接连两次试接失败后，最终第三次对接成功。舱内有前苏联、英国、原联邦德国、荷兰以及欧空局提供的观测天体器。1989 年 11 月 26 日，前苏联发射名为"量子－2"的服务舱，其长 14 米，最大直径 4.35 米，重 19.5 吨，有效载荷 7 吨。第一次配备的载人机动装置重 220 千克，类似美航宇局航天飞机带的载人机动装置，又称"人乘卫星"。前苏联宇航员出站时系绳，离站 60 米，行走 6 小时后就得进站。服务舱内增加辅助居住面积以改进起居条件，有淋浴和洗涤设备、水电解分解供氧系统、姿控陀螺仪、电泳装置、多光谱照相机以及蛋孵化器。到 12 月 6 日"量子－2"才与"和平"站成功对接。1990 年 5 月 30 日，前苏联用"质子"火箭发射了"量子－3"（即晶体舱），其重 19.5 吨，长 12.5 米，最大直径 4.35 米，带有 10.6 吨有效载荷，6 月 10 日与"和平"站对接。晶体舱有两个对接口，一个对接"暴风雪"，另一个准备与美国航天飞机对接。"和平"站已接纳了三个专用舱（"量子－1"、"量子－2"、"量子－3"），还有两名宇航员乘坐的"联盟 TM－9"，复合体总重 83 吨。"量子－3"与"量子－2"位置是对称的，是由站上宇航员协助、莫斯科加里宁格勒载人控制中心操作人员监视而进行对接的。宇航员对对接密封情况进行检查后，钻进晶体舱内。2 名宇航员在站上停留 4 个月后，原定由"量子－3"运去一个长 17 米的梯子，出站修复"联盟 TM－9"起飞时被震落的防护层，7 月 29 日宇航员乘该飞船返回地面，再发射"联盟 TM－10"轮换。但由于出站修复得不顺利，又出现其他故障，于是前苏联声称于 8 月 9 日回地面。

　　"量子－3"用来研究天体物理学、地球物理学、生物学和生物工程，以及微重力下生产半导体材料。"量子－3"就像一个小空间工厂，它的生产车间由两个加压舱组成，有一台重 10 吨的生产装置，占 60 立方米容积。两块太阳翼供电总功率 8.5 千瓦，通常每天功耗不超过 1 千瓦。晶体舱内有 4 台电炉生产合金，4 台生产半导体晶体以及制造血清和疫苗。除此之外，还有紫外望远镜、天体物理光度计以及一架"自然 -5"照相机。保加利亚提供微重力下植物培育实验，培养红萝卜和蔬菜。"进步运输船 -43"为宇航员运输物资和必需品。

"和平"站上两名宇航员用"量子 -2"的生产设备生产出了 10 多种半导体晶体。第一次生产了砷化镓单晶（1990 年 4 月 23 日—5 月朋日的 220 小时），总计 297 克。这些产品可向卫星提供新的电源光电池。据前苏联称，空间生产的砷化镓晶体产品的市场价约 350 万美元每千克。

晶体舱只有 3 年寿命。预订 1991 年发射第四个专用光学实验舱，重 20 吨，是一个资源勘测舱，舱内装备拍摄地球资源照片的照相机。到 1993 年对接后完成一个完整的"和平"站复合体，总重 103 吨。最初前苏联透露，最后一个专用舱是生物医学舱，舱内有化验室、宇航员体检室、卫生室以及外科室，就像一个空间医院，还有动物实验室，有两位宇宙医生（一位生物学家，一位内科医生），每 3 个月进行轮换。

前苏联声称，欢迎各国派宇航员参加它的国际载人空间合作飞行，已有 13 个国家的宇航员登上"礼炮"站和"和平"站。从 1991 年开始，日本电视记者、原联邦德国、英国、澳大利亚宇航员相继登上"和平"站（飞行 8 天收费 1000 万 ~1200 万美元），法国还继续第三次宇航员飞行。

"和平"号空间站是当今世界上最大、最完善的空间复合体，也是航天技术高度综合利用最高的集中体现，继承了前苏联航天技术的俄罗斯在空间轨道站领域中显然处于世界领先地位；

目前在轨运行的这座"太空列车"的主要情况，简介如下：

"和平号"空间站处于是组合式空间站的核心舱，它总重 21 吨，长 13.13 米，最大直径 4.2 米，站内最多可容纳 12 名宇航员。其主要组成部分包括工作舱、过渡舱和非密封舱这三部分组成。有 6 个对接口，空间站前端有 5 个（1 个轴向的，4 个侧向的），后端仅有 1 个轴向的。它是未来组合式永久性空间站的核心舱，或称基础舱。工作舱两侧装有两个大型太阳能电池阵，总功率比"礼炮 7 号"大一倍多，达 9 千瓦，操纵和对接控制系统更为科学、先进，其"航向"对接控制装置可在"和平号"不进行机动的情况下，能自动控制飞船并与之对接。站上由 7 台电子计算机组成的"综合计算系统"，不但可保证自动对接外，还能检验站上所有系统的大部分功能，测出其工作状态数据，一面自动显示在荧光屏上，一面还能自动更换备用机件，提前测出空间站在太空的运行情况。

站上的联合发动机装置、调节温度和供氧系统，遥测电视系统、通信系统等，都更加先进、自动化。其特点是操纵可靠、方便自如。还增开了与地面医生、家属的通话专线。整个空间站比"礼炮号"处理的信息量要大两三倍。空间站一般可同时供 5 人 ~ 6 人工作和居住，站内的大气环境与地球上一样，成分、温度相同，温度一般保持在 26℃，相对湿度为 30% ~ 70%，大气压力为 106.66 千帕 ~ 129.32 千帕。上述这些，使都有力地保障了"和平"号长寿命的工作有了极大的保证。

由于实验设备都装在与其对接的专业舱内，因此，站内宇航员的工作和生活条件有了极大的改观，甚至还为宇航员增设了睡觉和单独活动的单间。

"联盟 TM"号载人飞船。它们是往返运送宇航员的工具，是系列飞船，被称为"太空客车"。飞船全长 7.5 米，最大直径为 2.2 米，重约 7 吨，由返回舱、轨道舱和服务舱这三部分组成，可搭载 2 人 ~ 3 人。返回舱供宇航员入轨、对接、返回时使用，装有控制系统、减震座椅、降落伞系统和软着陆反推发动机。轨道舱是供宇航员进行科技实验、体育锻炼、进餐和休息的密封舱，也可当作气闸舱用，通过它可与"和平号"对接。服务舱是非密封舱，安装飞船的推进系统和姿控装置，供定向交会用。其上装有宇航员逃逸系统，可供飞船发射后 2 分 30 秒内使用。还装有两条新的空一地通信线路，可使空间站和地面指挥中心互相通信。该飞船发射后飞行两天就可与"和平号"对接，每艘飞船只能往返使用一次。

"进步"号货运飞船。这是专为空间站运送物资的一次性使用的无人货船，又被称为"太空卡车"，是由"联盟"号飞船改装成的。重约 7 吨，由对接装置、货舱、燃料和加注舱和仪器机组舱这几部分组成，其有效载荷为 2.3 吨，其中 1.3 吨货物装在货舱内，1 吨燃料装在加注舱内。可自主飞行 4 天，与空间站对接飞行可达两个月。仪器机组舱内装有可供交会和姿控用的推力器，用它可提高自身的轨道，从而延长空间站的寿命。一般在执行两个月任务后，于返回大气层时被烧毁。可见，为维持"和平"号正常运行，每年至少要发射 6 艘"进步"号飞船。

"量子"号天文物理实验专业舱。这是当时前苏联和西欧几个国家联合研制的天文观测设施，主要用于对大气层外的天文领域进行广泛的考察和其他一系列科学实验工作。它是由服务推进舱和天文观测舱两部分组成的，总重 20.6 吨、长 13.1 米。推进舱用于"量子号"的机动，向"和平号"靠拢、对接后再脱离，这时的天文观测舱只有 11 吨重、5.8 米长，最大直径 4.15 米。天文观测舱又由实验舱和科学仪器舱这两部分组成。实验舱是密封舱，有全套生命保障、控制、操纵和电信、电视、电报等设备，以及两个观察孔和光学观测仪器。科学仪器舱是非密封舱，装有 1.5 吨观测装置和 2.5 吨扩展功能用的仪器，在这些仪器中，有欧空局和原联邦德国提供的分析仪器。

"量子 - 2 号"实验专业舱。它使"和平"号有了更先进的观测和实验基地。它由仪器、载荷舱、仪器、科学舱和闸门舱这几部分组成，总长 12 米多，舱内容积 6 立方米。配备有保证联合体定向的陀螺仪，舱内装有大量实验设备和试验仪器。舱中心还留有自由通行区。该专业舱有两台主发动机，用于校准轨道校准，每台推力为 3.9 千牛；还有两组各为 392 牛的小型发动机，用以控制对接定向和控制转移对接位置。该舱的定向发动机与航天站的动力装置结合为一体，统一调度使用。舱内电源系统、空调系统等都与空间站联为一体，以便能将各种能量补充给航天本体站。所以又把"量子 - 2 号"叫做"补充装备专业舱"。随着"量子 - 2 号"的上天对接，为"和平"号上的宇航员提供了更好的工作和生活条件。现在，淋浴、盥洗用水都经过专门消毒和净化。为方便宇航员出进舱外活动，专设了闸门舱，设备齐全、先进，大大改善了出进条件。换乘"太空自行车"，就是从这里出去的。舱内还装有许多先进仪器设备，用来进行科学实验。目前，宇航员在站内工作非常繁重，深感人力不足，急需将条件进一步改善，建立更新的大型空间站。

"晶体"号实验专业舱。它主要用来在太空失重条件下进行生产电子工业所需要的优质半导体材料，进行生物和生物工艺实验等。

"和平号"的卓越贡献

"和平号"上天后，于 1990 年 8 月 3 日前，已接待了长期"住户"7 批、短期"零客"4 批，除前苏联人外，还有叙利亚人、阿富汗人、保加利亚人、法国人等，进行了大量科学实验工作。例如，几次在舱外排除故障，进行太阳能电池帆板的安装工作，多次到舱外试验新研制的"太空自行车"，到舱外修复"联盟－TM－9 号"8 块防热层中 3 块被撕裂开的防热瓦，这是一项极复杂、极艰巨又危险十足的太空操作，又一次创造了在太空抢修飞船和救援宇航员的奇迹。在这期间进行的大量试验工作、侦察工作更是数不胜数。同时还创造了长期驻站 366 天的最新飞行记录。

1991 年又有一些外国人，如日本人和英国一名宇航员都到空间站上去考察。1991 年底前苏联解体后，"和平"号虽仍在运转，但已将一些计划推迟了，早该返回的航天机组推迟几个月才去新机组替换。1992 年 3 月 17 日，新的独联体联合军队航天部队的宇航员与德国一名空军试飞员组成三人混合航天机组又乘"联盟 TM－14 号"飞船发射升空进入"和平号"空间站，进行了为期一周的德国 14 项科学实验工作。

"和平号"空间站作为世界上在轨运行时间最长的载人航天器，科学家们利用它进行了大量的空间医学、空间材料科学、空间生物学与加工、天文学等研究与试验，以及地球环境与资源观测，为人类认识自然和改造自然作出了重要的贡献。10 年来，"和平"号空间站上共接待了多国宇航员，除前苏联和俄罗斯宇航员外，还有叙利亚、保加利亚、阿富汗、日本、奥地利和英国宇航员各 1 人，美国和德国宇航员各 2 人，法国宇航员 3 人，其中俄罗斯宇航员还创造了人在空间生活和工作 437 天的世界纪录，为人类在空间长时间生活和工作积累了宝贵的经验。在此期间，"和平号"空间站还多次进行了大型设备的空间交会对接、更换和维修活动，为今后在轨道上组装其他大型空间设施积累了丰富的经验。

按照 1994 年 6 月 23 日美国/俄罗斯双方在华盛顿签署的价值 4 亿美元的联合飞行协议，从 1995 年起，"和平号"空间站除继续在上述几方面做出成绩外，还将执行美国/俄罗斯航天飞机与"和平号"空间站的 7 次联合飞行计划，为"阿尔法"国际空间站的创建作准备，以便降低国际空间站在装配和运营期间的技术风险。

至于"礼炮号"、"和平号"空间站在军事上的应用所取得的成果，更是使世界军界人士瞠目结舌，惊慌不已。

"礼炮1号"、4号和6号为民用；而2号、3号和5号明确为军用；7号名义上是民用，实际上也从事大量军事活动。"和平"号也是一样，也同样进行着大量军事活动，主要有以下几个方面：

一是执行军事侦察和危机监视任务。空间站的宇航员使用新式的多光谱照相机、立体照相机大量、反复地对特定地区进行照相侦察。1984年两伊战争期间，1991年海湾战争期间，"礼炮7号"和"和平号"都直接参与了"危机监视"照相侦察活动。

二是直接参与了地面、海面和空中的部队军训活动。它们在轨道上运用自己得天独厚的高度，一边观测进展情况，一边直接提供指挥控制信息，居高临下，运筹帷幄。

三是参与了天基武器试验。参加了反导试验和天基激光武器的太空条件下试验，服务于前苏联"秘密星球大战"计划。

四是进行了发射小型反卫星导弹和反潜探测活动，并曾发射了通信卫星。

五是进行了用激光束瞄准、照射前苏联自己发射的洲际导弹实验，实际上是一次天战的实战演练。

在"和平号"空间站运行史上，还有一项尤其值得纪念的活动，那就是有两名宇航员在"和平号"与"礼炮7号"两座空间站之间进行了有史以来第一次太空轨道转移飞行，创造了新的航天奇迹。

1986年3月15日，两名宇航员乘"联盟T-15号"与"和平号"对接成功并在站上对1000台仪器完成一系列系统工作情况检查，拆卸"进步"号送来的货物后，为了到现场亲自检查一下"礼炮7号"不工作的原因是什么，以便确定能否继续使用，于是在5月5日乘"联盟T-15"飞船离开了"和平号"，向"礼炮7号"飞去。当轨道转移到"礼炮"7号附近时，"联盟T-15"缓缓接近它，最后与其对接成功，两名宇航员进入空无一人已很长时间停止工作的"礼炮7号"，并对其进行了大量检查和修理工作。但最后看来，"礼炮7号"已很难再进行载人飞行了，于6月25日两名宇航员携带着400多千克的设备和资料返回"和平号"，继续从事未完成的实验工作。

这次空间站之间的穿梭飞行复杂得很。首先要使两座空间站都处于同一平面内。因此，两者的倾角同为51.6度。它们的发射时间和地点也要求一样，否则将差之千里。其次在转移飞行中，由"联盟T-15"与"礼炮7号"

相距 2000 千米逐步缩短到 12 千米后，靠自动系统进一步靠近到 2.2 千米，这时由宇航员就开始亲自操纵飞船停靠、对接。在"礼炮 7 号"上工作 50 天后，又离开它，飞回"和平号"，在返回途中，他们对飞船运行轨道进行了两次矫正，逐步向"和平号"靠拢。在距"和平"号 50 米处，宇航员用手操纵对接，最后终于顺利、准确地完成对接。

这次太空穿梭飞行的成功，证明"和平"号具有高度可靠的飞行控制系统，也表明两名宇航员非常能干、精明、胆大、心细，技术高超，成为人类航天史上第一次进行太空转移飞行的纪录创造者。

按原计划，前苏联还要建造新一代"和平 2 号"空间站，将是有 100 米长、100 多吨重的有多个对接舱口的更大型空间站。但随着 1991 年前苏联的解体，这一计划再也没有进一步发展的趋势。

"天空实验室" 空间站

自 20 世纪 60 年代开始,美国便集中力量从发展载人飞船到积极进行载人登月活动,并于 20 世纪 60 年代末,发射"阿波罗 11"号,终于登上了月球。虽然这震动全球,红极一时,但其耗资巨大,实效不丰,在 20 世纪 70 年代初发射的 7 艘登月飞船后草草宣告结束,"阿波罗"计划就此结束了。至今美国还有人有怨言:为什么当时不再继续下去,以致于美国在月球上未留下一座基地,白白花了大把的美元?!

下一步干什么?除了抓紧研制航天飞机外,美国看到前苏联的"礼炮号"空间站腾空而起,直上云霄。又一个"人类第一"被前苏联抢走了。因此,美国决定把登月计划中剩余的物资,拼凑一个名叫"天空实验室"(Sky Laboratory)的空间站,并于 1973 年 5 月 14 日用"土星 5"号火箭发射上了天,进入近地轨道运行。

"天空实验室"总长 36.12 米、直径 5.58 米、重约 90 吨、工作空间为 361.4 立方米,由"土星"工场和"阿波罗"指令服务舱这两大部分组成。"土星"工场包括轨道工场、仪器舱、气闸舱、多用途对接舱和太阳望远镜。

"天空实验室"是一种试验型的空间站,到 1974 年 2 月,共进行过 4 次发射。其中仅有一座发射成功,在太空先后接待了乘"阿波罗"飞船的 3 批共 9 名宇航员驻站工作和生活,分别以 28 天、59 天和 84 天共计 171 天进行较长期的太空飞行,共完成科学实验工作 270 多项,取得了明显的科研成果,而且还进行了与军事有关的任务,主要是考察军人在太空长期生活和工作的状况,证明宇航员完全适应在太空执行某些军事任务,同时还进行了一些秘密军事任务。这座空间站在太空的 10 个月中接待 3 批宇航员之后便废弃不使用了。6 年后的 1979 年 7 月 11 日"天室实验室"空间站进入大气层烧毁陨落。

现在看来,美国实际上走的是一条载人飞船—载人登月—航天飞机,最后再发展大型航天站的道路。目前正在研究发展永久性 100 吨级以上的大型空间站的计划。

"天空实验室"外形就像是一架巨大的直升机。它由轨道工作舱、空气锁、多用途对接舱和太阳望远镜这四大部分组成,连同"阿波罗"飞船,总重 82 吨，最大直径 6.6 米，总长 36 米。

作为"天空实验室"主体的轨道工作舱，它是宇航员在轨道上的生活区和办公室。轨道工作舱由"土星5"号火箭的第三级改制而成，原来的液氢容器当作宇航员的试验室和住房。住房又分隔成餐室、卧室和厕所这三部分。

轨道工作舱里充有氧气和氮气的混合气体，舱里气压保持在 1/3 大气压标准上，温度保持在 21℃ 左右。宇航员呼出的二氧化碳和其他臭气等有害气体，都用特殊的化学物品吸收掉。在这样舒适的环境中，宇航员一般不用穿宇航服，只穿普通衣服就可以了。

轨道工作舱外面有两块翼状太阳能电池帆板，平均可以送出 3700 瓦电力，为轨道工作舱里的各种仪器设备提供电力。

空气锁是"天空实验室"里的一种特殊装置。它是轨道工作舱通向宇宙空间的咽喉。空气锁上装有内外几道门。宇航员要出舱时，先打开和轨道工作舱相连的门。宇航员进入空气锁后，关闭这道门，然后打开通往宇宙空间的门，走出舱外。这样，轨道工作舱里的气体不会大量地漏走。空气锁好比就是一把用来锁住轨道工作舱里气体不得外跑的锁。空气锁装在轨道工作舱和多用途对接舱之间。轨道工作舱的生命保障系统的主要设备都放在空气锁里。

多用途对接舱有两个对接舱口，用来跟"阿波罗"飞船对接，一个在它的纵轴方向，另一个装在侧边，因此，"天空实验室"可以同时停靠两艘"阿波罗"飞船。"阿波罗"飞船上的宇航员通过对接舱口进入"天空实验室"。多用途对接舱里装有控制太阳望远镜的设备，舱壁上开有两个窗口，其中一个面对太阳望远镜，宇航员通过这个窗口可以一边操作，一边观看太阳望远镜的转动情况。

10 吨重的太阳望远镜是用来观测太阳的。它的结构类似于"阿波罗"飞船的登月舱，用支架固定在多用途对接舱上面。太阳望远镜所需要的电源，由它上面的 4 块风车状太阳能电池帆板供给。4 块太阳能电池帆板平均可以发出 2500 瓦电力。

"天空实验室"空间站的升空并不是一帆风顺的。1973 年 5 月 14 日，"土星 5 号"火箭载着"天空实验室"从地面起飞了。可是，不幸的是，刚飞了 63 秒，轨道工作舱的防护罩就提前打开了，高速气流立即把防护罩撕掉。两个翼状太阳能电池帆板中的一块也被气流带走，幸存的一块却被防护罩的碎片缠住无法打开。因此，"天空实验室"到达轨道后，全部电力靠太阳望远镜上的电池帆板提供，使"天空实验室"的电力减少了一大半。"天空实验室"处于严重缺电状态，许多仪器设备无法工作，许多科学试验看来就要不能进行。另外，轨道工作舱防护罩撕掉后，轨道工作舱外壁直接暴露在太阳光之下，导致舱里温度急剧上升，平均温度高达 50℃ 左右。这样高的温度，宇航员无法在其内生活和工作。"天空实验室"发生了这样的故障，使得第一批宇航员的起飞被迫推迟了 10 天。在这 10 天中，为了抢修"天空实验室"，地面进行了紧张的准备工作。到 5 月 25 日，3 名宇航员担负着艰巨的使命乘坐"阿波罗"飞船飞往"天空实验室"。"阿波罗"飞船跟"天空实验室"对接成功后，宇航员进入"天空实验室"，宇航员从多用途对接舱的窗口，把一顶 10 米直径的遮阳伞伸到宇宙空间，将太阳光遮住了，使轨道工作舱里的温度很快下降到了 27℃ 左右。此后，两名宇航员穿着宇宙服，爬进"天空实验室"，花了 3 个小时，用切割工具切去缠住太阳能电池板的防护罩碎片，终于使幸存的一块翼状太阳能电池帆板打开了，解决了"天空实验室"的用电问题。在完成"天空实验室"的修复任务后，第一批宇航员在"天空实验室"里工作和生活了 28 天，之后顺利地返回了地面。

从"天空实验室"的修复可以看出人在空间的作用是很重要的。如果没有宇航员去修理，那么价值 25 亿美元的"天空实验室"就将付之流水，成为空间的一堆垃圾。

"天空实验室"先后接待了 3 批宇航员，共 9 人。9 名宇航员在"天空实验室"里用 58 种仪器进行了天文、地理和医学等科学研究 270 多项。用太阳望远镜观测太阳，并拍摄了 18 万张太阳活动的照片；用 6 种遥感仪器对地球进行观测，勘探地球资源，侦察军事目标，共拍摄地面照片 40000 多张，用 7 种仪器研究太阳系和银河系的情况；用自行车功量计和下身负压等装置研究长期失重对人体生理的影响；除此之外，还进行了一些失重条件下的金属加工试验。

"天空实验室"由于轨道不断降低，仪器失灵，无法控制，于 1979 年 7 月 11 日进入大气层被烧毁，碎片散落在澳大利亚西南的印度洋近岸地区。

这次"天空实验室"完全由国防部控制进行飞行，美国最长的载人空间飞行圆满结束了。

由于"天空实验室"飞行由国防部负责，获取的许多方面成果未公布于世，只把一般不甚重要的内容公布出来。而国防部执行军用飞行任务、技术实验，并为未来空间站进行的专门试验，载人机动飞行器手控改进型的试飞，均属于保密范围。"天空实验室"一个主要目的是为载人空间站设计提供飞行的依据，换句话说，是美国未来空间站的小规模预演飞行。

初期的"水星"、"双子星"以及"阿波罗"飞船内的宇航员，住在狭窄而有限的舱内，过着幽闭孤独的生活，吃的是膏状食物及塑料袋里的流质，宇航员不能享受到地面上的美味佳肴。相比较而言，"天空实验室"住室比前几类型宇宙飞船要舒适得多，有 368 立方米的空间供宇航员活动和工作，还有沐浴和个人卫生设备，有约 907 千克的食品分别储藏在 11 个食品储存器和 5 个食品冷冻器内，调换花样的冷热餐装在金属餐盒内。由于宇航员换下的衣服都投到垃圾筒里处理掉，因此在空间站没有什么可洗的衣物。在住室的柜内存放着 30 件夹克、短衬衣和工装，30 件外衣，15 双鞋袜和手套，以及 210 条衬裤，还有其他衣服放在应急舱内。高级盥洗室里有 55 块香皂、90 条毛巾、1.8 万个大小便袋。实际上，盥洗室内也备有医药品，犹如一个小小医务室，对宇航员进行矿物质和体液平衡的研究。令科学家感兴趣的是，在无重力环境下，人体化学变化的准确机制，以及宇航员返回地面后对正常重力环境的适应能力。

欧洲"空间实验室"

欧洲人一直没有掌握返回卫星的技术，载人飞船也没有造出来。但是，欧洲人很早就看到了空间站的广泛用途和良好的发展前景，在 20 世纪 80 年代初就研制出了一种小型的空间站，将其命名为"空间实验室"。但是这种实验室的确也仅仅是个实验室，是个圆柱形舱段，它自己本身没有动力系统，也不能在太空中独立自主地活动，只能在航天飞机的货舱里静卧着，其电源、气源和通信系统都要依靠"母体"来提供，是不折不扣的一个"腹中胎儿"。

密封舱，平台是这座实验室的两大组成部分。密封舱有生命保障系统和工作间、调试仪器设备；平台是非密封舱，其中安装着各种试验仪器设备。它的实验项目、设备包括：太阳光谱、合成孔径雷达、X 射线天文学、太阳常数、带电粒子射线、生物静力、莱曼射线和生物、微波等。

1983 年 11 月 28 日至 12 月 8 日，由美国"哥伦比亚号"航天飞机第一次装载进入太空，共进行了 73 个基本项目的数百次实验。以后又由"挑战者"号航天飞机三次带人进入太空，进行了特种材料加工、晶体生长、生命科学、流体力学、大气物理和天文方面的许多实验。

"空间实验室"的主要构成部分

　　"空间实验室"是一种可载人的、可重复使用的、费用低廉、多用途的实验室。室内充一个大气压的氮氧混合体，里面装备了多种实验仪器设备和一个 U 形实验工作台。它是航天飞机最重要的有效载荷。"空间实验室"可重复使用 50 次左右，工作寿命达 10 年。"空间实验室"虽然比天空实验室小得多，但它与航天飞机相结合，却可以成为一个高效率的空间科学实验装置。它被航天飞机运载到近地轨道后，只能附着在航天飞机上一起飞行并一起返回。"空间实验室"的实验人员也需要在航天飞机的座舱内生活、休息、睡眠和进行其他活动，工作时经过气闸舱和专门通道到实验室去工作。实验室中的能源、数据传输、冷却等系统都利用航天飞机上的相应分系统，这样就不有在室验室中单独配备了。这样，可以充分地利用和发挥"空间实验室"的效用，使"空间实验室"可以进行纯实验性工作，许多服务性的工作均由航天飞机的各个分系统提供。

　　"空间实验室"的设计必须与航天飞机相适应，例如实验室的最大外部尺寸绝不能超过货舱 4.5 米 ×1.8 米的尺寸。采用积木式结构，以使实验设备易于更换，适于进行多种科研任务，这是室验室的基本设计思想之一。为了使"空间实验室"适应多次重复使用的要求，必须把它设计得具有最大的适应性和灵活性。例如实验室不仅能容纳许多小型实验仪器，而且还能装载大型实验设备，既能把各种研究和实验设备装到实验室中的一间空调舱内，也能把全部实验设备暴露于宇宙空间。

　　"空间实验室"主要由加压舱和暴露在空间的 U 形工作台这两个基本部件所组成。这 2 个部件既可单独使用，也可联合使用。这样，方案中的"空间实验室"可以组成 13 种结构形式。

　　一般情况下，我们所说的"空间实验室"是由加压舱、U 形台、与航天飞机相连接的供应管道、通道和圆顶舱组成。

　　加压舱是铝制结构，它是由 1 个或几个直径为 4.1 米，长 2.7 米的加压圆柱体构成。它可以分成 1 个核心段和几个实验段。核心段的前部装有实验室的全部操作仪器，诸如监视压力、温度等环境的控制仪器，接受科学技术数据的指示和自动记录仪器等。探测设备装备于核的后部。实验段用来提供更大的工作空间并装置研究和实验设备，还有观测窗口和一个1米直径的试验气闸隔舱。加压舱外壁有隔热层，这是以防受到强烈的热辐射和微流星的损害。整个加压舱是密封的，舱内装有生命保证和环境控制系统，所以舱内的环境同地面一样舒适，实验人员如同在地面上一样，可以不穿宇宙服工作。

U形台是由铝合金蜂窝夹层结构制成的，它是一个U字形轻型结构平台。它的任务是把需要在真空环境中进行试验的研究和实验设备直接暴露在空间。U形台长2.9米，最大直径为3.77米。U形台可用单台、双台、最多可连接5个平台，在航天飞机的货舱内形成一个长形实验台。U形台的内、外壁夹层中装置电缆、变换器和配电盘等技术装备。这样，U形台内部完全用来直接暴露在空间环境的各种科学仪器的安置。如望远镜、照相机、雷达、天线、辐射计等。仪器可以固定在夹层的内壁上或固定在预定的载荷处。

当"空间实验室"不携带加压舱时，就在U形台配备一个圆顶舱。圆顶舱直径为1米，长2.5米。圆顶舱内的环境是可以控制的，压力为一个大气压，温度可在18℃～27℃之间调节。科研人员可在圆顶舱内操作仪器设备。如果还需要安装在常压下工作的仪器，可在U形台上再增设一个加压的圆顶舱，以备使用。

供宇航员和科研人员来往于航天飞机座舱和"空间实验室"之间的过道就是通道。通道的内径为1米，它由若干圆柱段和两个活动的连接环组成，可允许穿着宇宙服、身高1.95米、肩宽75厘米的人通过，可以运送1.27米×0.56米×0.56米的设备通过通道。两个密封门，一个在航天飞机上，一个在"空间实验室"上，把通道完全密封起来。并且，通道内设有照明设备。

"空间实验室"的生命保证系统，主要是装在加压舱底座下面的大气和温度控制两个分系统。空间实验室中的氧气也是由航天飞机供给，然后与实验室生命保证系统本身的氮，按一定比例混合。

"空间实验室"的电源主要由航天飞机供给，所供给的电源直流的为28伏，交流的分别为115和200伏，频率400周，共计3.6千瓦～5.1千瓦。如果实验室需要的电能超过这个，则可以在实验室内增带一些电池组。

"空间实验室"的数据处理系统主要设有3台计算机，其中两台分别处理实验室各分系统的数据和处理研究与实验的数据，另一个留作备用。计算机的速度为每秒50万次。

"空间实验室"可容纳2名～4名科研人员，它的性能与前苏联"礼炮号"空间站有类似之处。

"哥伦布"空间站

虽然已经将"空间实验室"制造出来，但欧洲人并不满足于此，他们决心要拥有自己的真正空间站。1985年1月欧洲空间局在意大利首都罗马举行成员国部长级会议，讨论并决定了2000年前欧洲要研制出三种航天系统，即"竞技神号"小型航天飞机、"阿丽亚娜－5"型运载火箭和"哥伦布"（Columbus）空间站。

这个"哥伦布"空间站的方案的首先提出者是前西德和意大利，它的命名含义是为了纪念哥伦布发现新大陆500周年（1992年）。

这个空间站的总体设计方案如下：

增压舱。增压舱这是空间站的主体部分，有4个房间，可至少住8名宇航员，总长12米、高13米、直径4米多、自重18.2吨。这是宇航员的实验室、工作间和休息室，它是由"空间实验室"发展而来的，硬件和技术经验都尽量使用原有的。增压舱有两种选择，一种是美国空间站永久性对接，有4个舱段，从事各种科学实验。另一种就是在空间自由飞行的增压舱，由"阿丽亚娜－5"型火箭发射，平时不载人，必要时可派人去短期照料一下，自动进行材料加工和科学实验。

微型同轨站。长11米，将在主舱旁边飞行，内装自动生产产品的设备。

极轨平台。这是运行在极地轨道上的不载人实验平台，其主要任务就是对地观测。

尤里卡平台（即"自由飞行器"，MTFF）。作为太空科研实验平台，可在飞行状态下连续工作6个～9个月，然后由航天飞机回收并运回地面，也可挂载在"自由"号空间站上。

服务舱。这是为空间站提供动力、温控、通信和其他服务系统，可为增压住室舱服务，也可服务于极地平台。

国际"自由"号空间站计划

　　1984 年，当时的美国总统里根信心十足地宣布，美国要在 10 年内，将一座永久性的大型空间站建造于太空中。这个计划号称 20 世纪最后的，也是最宏伟的航天工程。此计划一提出来，就引起了全世界航天界乃至整个科学技术界的轰动，带动了欧洲和日本等国的载人航天热。

　　美国希望通过永久性空间站的建造，继 60 年代载人登月竞赛的胜利和 70 年代航天飞机研制的成功，再一次向全世界显示其强大的科技、经济实力，继续保持其航天技术的领先地位。

　　这个后来取名为"自由号"的空间站，就研制发射时间来说，并不是世界上最早的，但规模都是最大的。与美国 1973 年"天空实验室"、前苏联 70～80 年代的"礼炮号"和现俄罗斯的"和平号"空间站相比，它大得多，因此功能也比较强。特别是它将"长留太空，永远不落"，并可与轨道上的空间平台、轨道机动飞行器以及轨道转移飞行器协同工作，互相配合，发展成多功能的综合性空间基地。

　　里根总统于 1984 年 1 月在"国情咨文"中要求航宇局用 80 亿美元研制出一个永久空间站，力争于 1992 年即哥伦布发现新大陆 500 周年问世，并邀请欧空局、加拿大以及日本共同参加研制和利用国际自由空间站。里根总统把建立第一个永久载人空间站当成是促进美国科学研究、通信、金属制造以及生产地球上不能生产的拯救人类生命药物等的动力。里根总统提出的这一新的空间计划是美国仅次于"阿波罗"登月计划的 90 年代最大载人空间飞行计划。美宇航局局长亲自出马，频繁地与国际伙伴——欧空局、日本和加拿大进行了为时 4 年马拉松式的谈判和争论，时而达成双边谅解备忘录，时而提出新的要求和意见。美国同欧空局的争执风波不断，并因美国国防部在 1986 年底提出的军用空间站计划，引起伙伴之间极大不满。最后，美国国务院出面协商，让国防部做出让步，在空间站投入使用两年内不作军用，但仍坚持进行有限的军用试验，并保留使用空间站的权利。1987 年 10 月，欧空局 11 个成员国政府代表、加拿大政府部长以及日本科技厅长官代表各自政府，同美国政府代表在华盛顿正式签署一项多国合作研制和利用美国自由空间站协议。此项计划研制费用从 80 亿美元增加到 145 亿美元，其中美国承担 85

亿，制造主站、起居舱、工作舱、实验舱以及一个极平台；欧空局以 35 亿美元研制哥伦布轨道站、有人照顾的自由飞行器和欧洲极轨道平台（既能与自由空间站对接，也可自主飞行，美国也能利用），欧空局将分担运输费。据美航宇局估计，从 1995 年中期分批运到轨道上组装，从 1996 年开始不定期住人飞行，到 2000 年才永久住人，共需 300 亿美元研制费用，每年载人费用约 20 亿美元，到 2027 年实用费用 450 亿美元，加上研制费和组装费总数将达 840 亿美元。由此看来建造国际自由空间站费用着实惊人。

由于费用不断地增加，美国国会要求航宇局重新进行设计，从 1988 年开始研制，采用"双龙骨"构架，从 154 米缩小到 91 米，从原重 230 吨改为 135 吨。这样一来，和前苏联 1986 年 2 月入轨的"和平号"站差不多。主站体中心有 9 个加压舱，呈四方形，加压舱中间有通道相连，每个加压舱 3.65 米，直径 2 米，全部舱由铝制成。美国实验舱与居住舱原长 13.6 米，现减到 8.9 米，直径 4.6 米不变，另外两个舱是欧空局"哥伦布号"轨道站和日本实验舱。美国还有两个小后勤舱，长 7.3 米，一个舱与空间站对接，另一个留为备用。

"自由号"空间站原计划有 8 名宇航员工作，现缩减为 4 名，其中 2 名留给欧空局和日本（欧洲和日本开始建立宇航员培训中心），加拿大可能有 1 名宇航员，每 90 天换新宇航员。空间站结构上有 5 个平台，装备直接暴露于空间的仪器，加拿大提供的移动服务中心，即新的操作臂，由宇航员遥控使用。

"自由号"空间站原设计有 8 个太阳电池翼，现缩减为 6 个，用户可自由使用 30 千瓦，空间站总功率低于 75 千瓦，还有 50 千瓦氢镍蓄电池，处于地球阴影时备用。居住舱内是氧（20%）和氮（80%）的混合气体；气压接近海平面压力（1 千克/平方米）。航天飞机定期运输氧气、饮用水和食物。洗漱水、粪便和尿经一个闭合回路再循环处理。

新的设计至少取消了 10 项站外科学实验，限制宇航员站外活动次数；数据传输速率从 300 兆比特/秒减少到 50 兆比特/秒。根据原计划，航天飞机需运输 28 次，现改为 19 次运完。把组成"自由号"空间站的 9 个加压舱、太阳电池翼板运到 410 千米轨道上，由先进而灵活的空间机器人组装，宇航员指挥操作。空间站于 1996 年借助自己的推力器推到 460 千米、28.5°倾角圆轨道运行。国际"自由"号空间站的须计寿命是 30 年。它的空间环境是微重力环境，这对空间科学研究和生命科学研究、加工材料、生产地球难以获得的高纯度材料以及药物制品是非常有利的。"自由"号空间站不仅是一个对准地球的大型空间平台，而且也将成为飞向月球和火星的载人空间基地。

美航宇局哥达德空间飞行中心提供空间站使用的飞行遥控自动化服务车，

负责安装、维修工作和服务于各对接的舱内工作，同时利用加拿大造的移动服务中心，还与往返天地间的航天飞机运输任务结合。日本实验舱将采用人工智能系统判断和排除故障，日本认为人工智能对有效地利用"自由"号空间站是必不可少的。欧空局"哥伦布"站与空间站对接后，也准备使用机器人，还有欧洲极平台和有人照顾的自由飞行器与之对接，也可自主飞行。1990 年 7 月，欧空局委员会决定研制欧洲第一个极平台，选定法国马特拉公司设计 1.7 吨重平台，于 1997 年用"阿里亚娜 – 4"或"阿里亚娜 – 5"发射，与欧洲"哥伦布"站对接。实际上，平台就是遥感平台，置放各种遥感器，观测海洋、监视冰情、大气污染、气候变迁，以及勘测地球资源，其功率为 2500 瓦。平台上设有一个服务舱，可作为军用侦察平台。

美航宇局从 1988 年起为国际"自由"号空间站研究应急逃逸宇宙飞船，又称为"乘员应急返回飞行器"，估计耗资 20 亿美元。在空间站时代，各国都将安全放在首位，避免空难的发生。

空间站的军事活动

美国和前苏联深知利用空间从事军用活动意义重大。1987年，当时的美国国防部部长温伯格对国会说："苏联已用'礼炮'站进行了16年的空间军事活动，而美国落后了，必须改变落后的空间形势，研制一个永久空间站。"美国国防部对空间站的军事应用提出了长期战略方针。随着"星球大战"计划的实施，军用空间站是美国更需要的。美国国防部称："苏联的'和平'空间站主要目的是军事应用。许多军事活动和实验将用视力观察、照相以及光学感测器实施。"前苏联把空间军事活动置于高度优先地位；一切围绕着空间有关战略进攻和防御系统，业已证明前苏联利用"礼炮"站进行了寻找、鉴别和跟踪空间目标活动，作为走向空间武器平台的第一步。前苏联曾在"礼炮6号"上试验过空间激光武器，但因定向问题最终以失败告终。前苏联曾想研制一个载12名军人的空间站，甚至讨论过大型站复合体内居住100名宇航员的设想。它拥有强大的"能源"运载火箭，很有可能在需要时发射这样的军用空间站。前苏联曾经利用"礼炮6号"作为空间指挥站，配合陆基洲际弹道导弹、空中发射导弹以及远程轰炸机，进行过一次海、陆、空、空间四方面协同作战演习。除此之外，前苏联用"礼炮7号"试验过陆基激光器空间反射激光效应试验。美国是用航天飞机验证陆基激光照射空间反射镜向空间目标反射效果的。随着美与前苏联军事对立的缓解，双方空间军事活动也有所减少，但两方谁也不会放弃空间军事活动。

鉴于永久空间站寿命长达20年~30年，美国国防部对其军用潜力进行了研究，提出使用国际"自由号"空间站作为军用，但欧空局和加拿大坚决反对。为避免欧空局和加拿大退出联合研制国际"自由号"空间站，美国国防部做出了让步，答应在头两年内不用于军用，但国防部部长卡卢奇在写给签署合作研制空间站的伙伴们一封信中指出："在近于完成国际'自由'空间站协议中，美国为了国家安全，明确表示保留使用空间站的权科……"国防部还向国会武器工作委员会送交了一份关于军用空间站的报告，并在报告中列举了利用永久空间站进行的军事活动，如下：

（1）从空间站上直接观察陆地、海洋和航空飞行活动，研制目力用的各种感测器（光学、电学、红外等），以提高人从空间实时观测能力和图像鉴别力。

军用载人空间站可应用于战场管理、监视、指挥和控制，气象观测及预报，并支援整个海、陆、空三位一体作战，可以当作空间指挥站。

（2）空间站中安放一架空间六分仪，用以测定海洋、陆地、经度和纬度，能对地形特征、冰、水和气象系统的位置作出精确的定位，这些资料对作战具有决定性的作用。也可绘制军用地图，拟定作战计划，并提供其他不载人系统确证的数字资料。

（3）评定人从空间站直接自力观测海军活动的能力，开展专门的训练，以保证海军、民用船只和港口功能评价。利用军人宇航员进行观测，作为补充海军和海上活动情报收集的能力，也可监视军备控制协定，并直接支援海军作战。

（4）研究和评价以空间为基地支援战术作战和宇航员支援海、陆、空作战的作用，确定直接从空间协助战场指挥员的可能性。以各种感测器、自动化工具和数据支援空间受过训练的军事观察员，并同地面和航空观察员联系，有助于对作战演习做出决定。人可以利用永久空间站，从空间获得大量的军事情报，提供给拟定作战方案可全部决策和战术，并向司令部报告整个战场实况。一位空间站的军事观察员可能获得战场唯一有价值的及时战况。

（5）评价空间站上人观察陆基、海基和空基发射导弹的能力和效果。军人宇航员具有特别的视野，如陆基探测器能探测和判断发射的导弹性质。

（6）从空间站监测全球大气和定位，以便支援军事计划。研制人携带感测器，直接收集实时天气和空间环境资料，这些资料对空军、海军以及陆战队具有重大的意义。感测器支援载人分析，对发展未来航空系统和改进目前系统的特性，也是很有价值的。

（7）越来越多的空间碎片和垃圾，不仅增加了对载人空间站和卫星碰撞的危险，而且如预防碰撞，使空间站重量有此增加，必然导致发射费增加。一旦危险发生，应考虑空间站宇航员采取何种措施迅速脱险。除在空间站备有乘员应急返回飞行器外，还应利用空间站控制空间碎片，收集或清除它，由人去鉴别空间碎片有否危险。因不能完全依靠地面探测器探测空间碎片，地面有时颇难鉴定空间废物。美国空军有人曾提出利用空间碎片破坏前苏联设想的"空间雷"。

（8）一位军人宇航员为军事计划、作战和系统的研制提供空间环境资料的可能性。研制保证空间环境因素的分析和监测的感测器。辐射、重力和高空大气因素在当前军用航宇系统的发展和运用上起着重要的作用。例如，电荷和辐射对先进空间系统有重要的影响。对未来国家航宇飞机和新的一代卫星，要由空间站上的人进行实际、深入的研究。

（9）站上军人宇航员能定位、鉴别和跟踪陆海空以及空间目标。也能为陆基、海基以及枫载导弹导航和指明进攻的目标。人的鉴别和跟踪能力比感测器能力效果高。

（10）空间站能作为一个战斗站，利用站上置放的空间武器进攻地面陆、海、空部队以及空间目标。目前，研制的动能和定向能空间武器可以装备于空间站中，如激光炮、电磁炮，甚至在空间布雷和扫雷。空间战争就是卫星之战、导弹之战，而空间站犹如一架特大型洲际轰炸机、战斗机以及拦截机，执行这些任务主要是靠站上军人宇航兵种。

（11）空间站是一个军用通信中心，能保证各种军事所需，把军事宇航员从空间收集到的情报和观察的作战实况直接送达至指挥部，尤其是把侦察到的敌方军事情报及时、迅速地告知指挥员。

（12）空间站能安放组装的大型空间结构，如大型天线、雷达，甚至储存燃料，给卫星加燃。

（13）人在空间站进行空间系统电力生产的研究，部署军用空间系统动力空间基地、做试验，直接由人监视可能会更加有效。费用低、长寿命的先进军事系统将需要新的动力系统，而新动力系统均可在空间站内进行研究。

空间太阳能发电站的建设

当前人类面临的三大难题分别是人口膨胀、能源危机、环境污染。石油、煤炭、天然气等燃料，已经日趋贫乏。尽管各国正在想方设法地挖掘、开发新的燃料资源，但资源是有限的，因此对新一代能源的探索，实际上已经被提到议事日程上来了。那么这新一代的能源又是什么呢？目前科学家们有两种设想，一种是原子能发电。但应用这一能源存在放射性废物的安全保管问题，一不小心就会招致灭绝生物的大灾难，当然也包括人类在内，因而这条途径让人望而生畏。另一种是向光芒四射的太阳索取能量。

我们知道，太阳以光的形式，向宇宙空间源源不断地辐射能量，每秒就相当于将 550 万吨原煤的热能运送给地球，然而这只占太阳辐射能的二十二亿分之一。但是到达地面的只有这二十二亿分之一的 64%，其余的全被无情的大气吞掉了，你想想看，这多可惜呀！如果能在太空兴建太阳能电站，把太阳能最大限度地转换成电能，然后再输送回大地，这该是多么理想而又具有巨大的实际意义呀！

1968 年，美国工程师彼得·格拉塞尔，提出了在空间建立太阳能电站的大胆设想，一时间舆论为之哗然，有人讽刺说，这只不过是一个美妙的幻想。然而时隔不久，波音公司却公布了卫星太阳能电站的第一个设计，此后具体方案连续不断地提了出来。美、日、前联邦德国等一些国家，对太阳能电站的研究非常重视，多年以来，在进行了一系列可行性论证的基础上，目前已经转入工程论证和实验研究阶段。美国能源部和宇航局组织了 25 个科研工业组织，对设计方案、空间技术、微波技术和低成本太阳电池生产工艺等，进行了广泛的实验研究，并发表了数十篇极有教益的研究报告。

太阳能电站的工作原理是什么呢？根据格拉塞尔的设想，波音公司设计了一个 500 万千瓦的太阳能电站，电站设在地球静止轨道上，日照时间不受黑天白昼以及气象变化的影响，所以它比在地面上的日照时间要长 6 倍~15 倍，日照强度也要强 2 倍。电站采用光电转换的太阳电池。这种转换比其他的形式（如热电转换）更为简单，在空间生产和维修也更容易。太阳能电池帆板上装有 140 亿个太阳电池，旁边的反射镜将阳光聚集在太阳电池上，进一步增强入射的光，太阳电池将太阳能转换为直流电，微波管又将直流电变成微波能量，最后由相控阵天线发射到地面接收站，并把它转换成普通电网的电能。

当然，实现空间太阳能电站是一项极其庞大且艰苦的空间活动，它要在空间构造一座小城镇那样大小的庞然大物，不用说其他的，仅仅在工程上就面临着严重挑战。

首先是能量转换问题。电站的太阳电池帆板结构庞大，总重 12400 吨，中心旋转轴的直径达长 100 米，而且要非常稳定和准确地旋转。如此大的构件，在地面上建造是不可想象的，只能在空间工厂中加工制造。根据计算，太阳电池的数量需要 140 亿个呢！因此，电站成败的关键，在于解决太阳电池的生产能力和巨额的生产费用。近些年来，美国对单晶硅和多晶硅的生产技术正在加紧研究，力图尽快满足电站的要求。另外，太阳电池的空间生产亦在积极研究之中，这项技术的实现将会为建立电站铺平道路。

第二是能量空间微波传输的问题。将太阳电池帆板所产生的直流功率转换成微波功率时，要采用数百万个大功率微波管。不过以美国目前的生产能力基本上可以满足建立电站的要求，这是令人乐观的。不过在这个环节中，还要解决发射天线和地面接收天线的制造问题。

发射天线是直径为 1 千米的圆形相控阵天线，天线的子阵阵面为 20 平方米，天线的指向要十分精确。这种天线目前正处在论证阶段，到投入生产还需要时间。

地面接收天线也非同一般，它是一个长 14 千米、宽 10 千米的偶极子天线阵，接收的微波经过专门设备整流后再投入电网。已经做过的模拟实验表明，它的接收和整流效率为 82%。

第三是空间生产和轨道搬运。美国宇航局和格鲁曼公司研究了两种电站组装方法。一是低轨道组装，即先在低轨道上建立一个 700 人左右的空间工厂，桁架结构和太阳电池均在这工厂中生产和组装，整个电站装配完毕后，再用电力推动系统将它送到地球静止轨道上去。第二是静止轨道组装法。这就需要将工厂设在静止轨道上，人员和器材经低轨道过渡到静止轨道工厂中，最终在那里制造并组装。这两种方案目前都在实验之中，实验一旦成功就又解决了一大难题。

一座太阳能电站需要建筑材料 10 万吨左右，空间作业人员数百人，怎样将这么多的人员和物资送到宇宙太空中呢？根据上面介绍的两种组装方法，将分别采用不同的运载工具。对于低轨道方案来说，早期设想用单级火箭和航天飞机运输，运载量为 70 吨~200 吨。目前设想用两级火箭推进的有翼飞行器——空间运输船。它的起飞重量为 11000 吨，其载重量也相当可观，每次可以将4000吨~4500吨的大批物资，送达施工现场。如此下来，空间运输船只要往返22次左右，即能把建造一座电站的器材全部运送完毕。而由低轨道向高轨道转送阶段，将采用离子火箭发动机或化学推进剂工作的轨道运输船。

综上所述，太阳能电站的建立过程中，尽管还有不少问题需要解决，但是，可以满怀信心地说，前景是美好的。根据美国宇航局的计划，目前主要是在地面试验装配办法，这一阶段后期要发射一颗实验性的发电卫星；第二阶段要发射一颗发电能力为20万~50万千瓦的样星，这一阶段可望在近期完成；第三阶段为全面实施阶段，计划到公元2014年建造印个500万千瓦的卫星电站，公元2050年将突破100个大关。波音公司研究部负责人C. R. 伍德科克乐观地预言："在遥远的未来，围绕地球将有数百个卫星电站来满足人类对能源的要求。"

宇宙飞船和空间站的发展

　　随着人造卫星的上天，空间科学技术已经广泛应用于军事、国民经济和科学研究的诸方面，人类开始在浩瀚的宇宙空间中进行活动，从而使地理学、天文学和其他一些科学的面貌产生重大改变，并把气象观测、资源考察、环境监视和地图测绘等工作，提高到集中的自动化水平，还使通讯电视广播技术发生了根本性的改革。

　　要发射载人宇宙飞船上天，必须将许多极其复杂的技术问题和宇宙医学一生物学等问题解决掉。首先是制成高度完善和威力强大的火箭，把宇宙飞船送入轨道。其次还必须解决宇宙飞船安全而准确地返回地面的问题。要做到这一点，其控制系统须高度精密，而且还需要优良的制动火箭发动机和其他制动装置，保证宇宙飞船头部在通过稠密大气层产生高达数千度高温情况下不致烧毁。为了保证人在宇宙中的生存和活动，宇宙飞船舱中要创设同地面上基本相同的空气、温度、气压、湿度等自然条件，解决同地面上的无线电联系等。同时，宇宙飞船必须携带大量的科学考察仪器、制导装置以及安全降落系统等。除此之外还要对宇宙医学生物学问题进行研究，证明乘宇宙飞船飞行对人体无害。为了解决这些问题，需要数学、物理学、化学、力学、电子学、无线电技术、冶金、仪器制造、自动化和遥控机械学、天文学、生物学、生物化学等许多重要学科提供最新科技成果。载人宇宙飞船的发射成功，就说明了已经解决了这些问题。

　　任何人都能乘宇宙飞船遨游太空吗？不是的，是有条件的。一是身体要能适应空间飞行；二是要具备专门的知识和技能。为此，人员需经过选拔，并进行专门的训练。我们知道，在火箭起飞的时候，加速度很大，人的体重相当于在地面重量的九倍，甚至更大一些，这就是"超重"现象，同时震动也很大；而在几分钟后进入轨道人又变得没有重量了，即进入"失重"状态，人就飘浮起来了。因此，宇航员要在离心机上进行超重训练，在震动台上进行震动训练，在飞机上进行失重状态下生活和工作的训练等。为了保证自身的安全，宇航员要穿上特制的宇宙服，一方面可以防止宇宙线的辐射，另一方面可以将自己密封起来，以保证人体生存所需的温度、气压、氧气等。如若不然，当人们到达17千米以上的高空时，空气压力只有地面大气压力的十分之一，人体内的血液在 37℃（体温）左右就会沸腾。如果全身血液沸腾，人就会迅速死亡。另外，一般人只能经受住 3 倍~5 倍的体重突增，当加速度很大时，假设加速作用的方向是从脚到头，就可能使大量血液积存身体下部，而上部特别是头部的血液不足，中枢神经机能受到破坏，甚至失去知觉。如果加速作用的方向与人体垂直（即人体平卧上升），情况就会好得多。穿上特制的宇宙服时，血液不会积存在身体各部分，也就不会突然从头部流到脚部去，人们就可能忍受体重突增十几倍的变化。为了节省燃料，减轻负载，还要有特制的宇航食品和生活设备。例如空气调节设备，可以把带上去的液体氧放出来供宇航员吸入，同时用化学药品把呼出来的碳酸气和水蒸气吸收掉，并把其中未用掉的氧气放出来，这样氧气就得到了充分利用。

人们乘坐宇宙飞船到星际空间的第一站——绕地飞行的轨道空间站进行航行后，身体情况会有哪些些变化呢？据报道，前苏联"联盟 26"号从 1977 年 12 月到 1978 年 3 月 16 日止，与"礼炮 6 号"对接飞行后返回地面。检查宇航员的身体情况表明，在三个多月空间失重条件下的飞行中，宇航员的体重减轻了 5 千克，身高却增长了 3 厘米，但机体并未发生什么变化。在空间站头几天，宇航员还对空间飞行环境不怎么适应，还得互相扶持，在站内总是爱躺着。过了几天，在生理上、心理上便适应了空间飞行。返回地面后，宇航员又不能立刻适应地面环境，虽然宇航员不感到劳累，但自觉似乎处于空间，所以仍要做空间体育活动，几天后才适应地面环境。

自从 1960 年宇宙飞船发射后，每年都发射数颗载人或不载人的宇宙飞船和空间站，进行各种试验和观测工作。例如，美国于 1973 年 5 月 14 日发射的宇宙空间站"天空实验室 -1"，计划前后接待三批宇航员，共 9 名；载人飞行 140 天，共携带 58 种科学仪器，进行 440 个项目的研究。于 1973 年 5 月 25 日发射了宇宙飞船"天空实验室 -2"，与"天空实验室 -1"对接，第一批 3 名宇航员在上面进行了工作，同时进行既定的科学技术研究和实验，在空间飞行 28 天 50 分后脱离"天空实验室 -1"，返回地面。1973 年 7 月 28 日又发射了宇宙飞船"天空实验室 -3"与"天空实验室 -1"对接，第二批 3 名宇航员在上面进行了医学试验、地球资源探测及太阳观测，记录到近百次太阳爆发。"天空实验室 -3"的形状、重量同"天空实验室 -2"一样，在空间飞行 59 天 11 小时 9 分后脱离"天空实验室 -1"，返回地面。到 1973 年 11 月 16 日发射了宇宙飞船"天空实验室 -4"，与"天空实验室 -1"对接，第三批 3 名宇航员在上面进行了太阳和彗星观测、地球资源探测等。"天空实验室 -4"的形状也同"天空实验室 -2"一样，在空间飞行 84 天 1 小时 16 分后脱离"天空实验室 -1"，返回地面。这样，截止到 1974 年 2 月 8 日，"天空实验室"的三批宇航员共 171 天的宇宙飞行宣告结束。他们在"空间实验室"上和地面保持电视和电话联系，进行医学考察共 855 小时（原计划是 700 小时）；天体物理研究 412 项（原计划是 168 项）；技术试验 294 项（原计划是 264 项）；材料考察研究 32 项（原计划是 10 项）；第三批宇航员最重要的成果是在失重条件下飞行 84 天，返航时和返航后健康情况比前两批宇航员还要好。另外，第三批宇航员返航前还借助"阿波罗"发动机提高了"天空实验室－1"的远地点，延长了它的轨道寿命，同时把蓄电池放了电。

由于"天空实验室－1"这个空间站没有携带一种火箭发动机，使它能在寿命结束时按指令陨落到指定的公海，如果任它自行陨落，那么这个重达 82 吨的庞然大物就有可能坠落在居民区，这是人们所担心的。为此，自 1976 年以来，美国宇航局一直在研究如何复活"天空实验室－1"，以便再次使用它以及避免坠入居民区。"天空实验室－1"失去控制后以大约每 5 分一转的速度绕它的纵轴做慢滚动飞行，若是不采取有效措施，改变它的姿态，那么由于受太阳黑子活动的影响，大气阻力增大，它预计会提前坠入地面。1978 年 4 月底，地面控制人员已对"天空实验室－1"的各主要系统做了复活试验。发现"天空实验室－1"密封舱的主次冷却回路系统、望远镜装置的遥测系统、密封舱及望远镜的蓄电池系统还能进行正常工作。到 6 月初采取了第一步措施，向"天空实验室－1"发了指令，首先复活姿控系统的推力器，使它的多用途对接装置朝着飞行方向，而它的纵轴平行于地球表面，然后再用"天空实验室－1"的两台控制力矩陀螺继续保持上述姿态，因为这种姿态的大气阻力最小，所以能够延长其工作寿命。然后计划从航天飞机发射一艘叫做遥控操作系统的遥控飞行器，与"天空实验室－1"对接，并利用遥控飞行器的推进系统把天空实验室推向更高轨道，以备再用，或者使它安全地坠入公海。但此计划并未付诸实施，"天空实验室－1"最终在 1979 年 7 月 12 日凌晨坠入南印度洋至澳大利亚一带。

前苏联在发射的一系列"联盟号"宇宙飞船和"礼炮号"空间站上还进行了很多的军事活动。如在"礼炮号"空间站上用旋转焦距为 10 米的所谓太阳望远镜，对地面进行照相侦察，其分辨率可达 30 厘米～50 厘米。1977 年 9 月 27 日发射的"礼炮 6 号"空间站，其前后有两个对接装置，因此可以有两艘"联盟号"飞船和它对接飞行，1978 年 2 月曾首次与运输飞船"进步 1"号对接，形成了一列中间大两头细的所谓"空间列车"飞行。在"礼炮 6"号与"联盟 26 号"、"联盟 27 号"、"联盟 28 号"、"联盟 29 号"、"联盟 30 号"和"进步 1 号"对接后，宇航员在"礼炮"站上进行了对地拍照、天文观测、空间材料制造和生物医学实验等活动。完成任务后"联盟号"飞船脱离"礼炮号"空间站返回地面。

世界各国正在加快宇宙飞船的发展，宇宙飞船不断向自动化、多用途、低费用方面发展，以形成空间运输系统。上面所说前苏联的"进步1号"就是这种空间运输船，专门为"礼炮6号"空间站运送燃料、各种货物、科学研究和实验装置及材料、宇航员生活用品等。"进步1号"运输船长8米，直径2.2米，装载总重7020千克，其中供应品占2300千克（燃料1000千克、净货重1300千克）。"进步1号"运输船由货运舱、燃料舱和工作舱三部分组成，与"礼炮6号"对接后，用一个星期时间卸下运去的物品和燃料。由地面进行遥控，一旦卸完货便装上废品，与工作舱自行分离、降轨，使之坠入太平洋上空大气中予以烧毁。前面提及的航天飞机，将成为美国主要的空间运输系统。航天飞机由两枚捆绑式固体助推火箭发射。当这两枚固体火箭的燃料耗尽后，它们将抛回地面以备再用。然后航天飞机将由一个大型液体燃料火箭送入轨道。这时，燃料箱即被抛掉，航天飞机完成任务后，便像飞机一样返回地面。其外形也类似飞机，所以称为航天飞机。其优点在于它的核心部分——轨道器能够回收并重复使用。美国计划研制5架航天飞机轨道器，每架可重复使用次数达100次。第一架航天飞机轨道器从1977年2月开始进行低空飞行试验。航天飞机有两种工作方式。在出击式飞行方式时，实验设备安装在轨道器货舱内，工作3天～30天后返回地面。轨道器货舱长18.3米，直径4.6米，最大载重为30吨，轨道器载荷包括一组密封舱和一些外部仪器架。在密封舱内，宇航员能较舒适地工作。在外部仪器架上，能装载可暴露于空间环境中的仪器。采用第二种方式时，航天飞机把其他的宇宙飞行器带到空间，并发放到预定的轨道上，即通过遥控操作系统把卫星从货舱仪器架中取出送入预定轨道。或根据需要检修宇宙飞行器，即与原来在天上自由飞行的飞行器会合，遥控操作系统将其收回到货舱内进行检修，必要时还可以运回地球进行检修。

随着宇宙飞船和空间站的发展，空间载人飞行从80年代开始趋向正常化，人们将进行更多的空间活动。我国为实现四个现代化，也将加速发展动载系列，研制发射多种科学卫星与应用卫星，积极进行空间实验舱和宇宙探测器的研究。宇宙飞船和空间站可作为空间实验室，或把宇宙飞船和空间站外部空间作为实验场，探测重力波，验证相对论，研究等离子体物理，还可利用低重力、超低温和真空环境进行物理、化学、流体力学、材料学、生物制品等试验，并提供空间材料加工和药的研究。因此，空间科学技术的发展，将使人类社会发生根本性的变革。

第三章

探月新高潮

人类"重返月球"

1989 年 7 月 20 日，在纪念阿波罗载人登月成功的 20 周年大会上，美国当时的总统布什首次提出重返月球的倡议。布什提出在 21 世纪头 10 年重返月球，并在月球上建立基地，继而再用 10 年时间，实施载人登陆火星的宏伟计划。

美国国家航空航天局对布什总统的倡议进行了为期 3 个月的研究。研究结果表明，实施该计划需要花费 4 000 亿~5 000 亿美元，并需要解决一系列重大技术难题，包括：①经历长期飞行后，人体能不能重新适应重力环境，且不产生严重生理后果；②研究新的向月球上大量运送人员和物资的高效航天运输系统，包括核推进技术；③如何满足月球上对能源的巨大需求，核电源是不是最好的选择；④如何在月球上建设适合人类居住、生活、生产的自给自足的月球基地等一系列技术问题。虽然，由于经济和技术上的原因，布什总统的这项倡议最终未能付诸实施，但这使得一些国家对重返月球、建设月球基地、登陆火星产生了浓厚的兴趣。

1994 年 1 月 21 日，美国发射了克莱门汀号月球探测器，悄然拉开了重返月球的序幕。克莱门汀号探测器是美国战略防御倡议局和航空航天局合作研制的新型月球探测器，也是美国继 1972 年阿波罗登月计划结束后，发射的第一个多用途空间探测器。其主要任务是试验先进的轻型军用成像敏感器等 23 项新技术，绘制月球表面数字地形图，对近地小行星进行科学考察。

当克莱门汀号探测器飞行到月球南极上空 200 千米处时，意外地获得了月球上可能存在水的信息。水不仅是航天员在月面上生存的必需品，将水分解成氧和氢，还可以作为火箭发动机的燃料。如果能将火箭燃料加工厂，或者一个"加油站"建立在月面上，那么月球就可以成为深空探测的"天然航天港"。

"克莱门汀号"探测器

尽管不少专家认为上述信号并不足以证明月球上有水的存在，粗糙的月面也可能产生这种信号。但是，月球极地可能存在水的信息被公布后，还是在国际上引起了巨大轰动，进而再次点燃了人们再次探测月球的热情。

进入新的世纪，人类探月活动迎来了第二次高潮。重返月球，开展更深入的月球科学探测和试验活动，建设月球基地，以月球为基地开展其他深空探测，已经成为世界主要航天国家的共识。出于政治、经济、科技等领域竞争和发展的需要，各航天大国都认识到深空探测尤其是月球探测的战略意义重大，于是纷纷制定和公布新的月球探测计划，加紧展开月球探测活动。

2003年9月27日，欧洲空间局率先发射了新世纪第一颗月球探测器——"智能1号"探测器。"智能1号"探测器在绕月飞行期间，获取了大量月球探测成果，并在生命终止前成功地撞击月球，引起了各航天大国的普遍关注。

为了保证在太空的绝对技术优势和战略利益，2004年1月，美国第55届总统布什宣布了太空探索新构想，提出在2020年左右重登月球，在月球建设永久性基地；以月球基地为跳板，把人类送上火星乃至更遥远的宇宙空间。

太空探索新构想认为，建立永久性月球基地，可以使未来太空探索的成本大大降低，实现更具挑战性的太空探索任务。从月球上发射航天器，只需很少的推进剂和很低的成本，就能使航天器克服月球引力。月球拥有丰富的资源，月壤中含有可制造火箭燃料的原材料，在月球上建设试验和发射基地，凭借月球上所获得的经验和知识，可以为探测火星及更遥远的载人飞行任务作准备。

紧随美国之后，欧空局、日本、中国、印度、俄罗斯、英国、德国、意大利、印度和韩国等，也都相继宣布了月球探测计划。

2007年9月，日本发射了"月亮女神"探测器。"月亮女神"计划是日

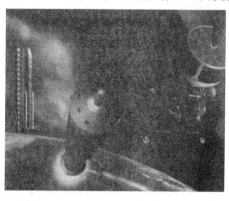

美国重返月球运输构架

本继美国"阿波罗"计划之后，国际上实施的规模最大的探月计划。2007年10月，中国成功地把自己的第一个月球探测器——"嫦娥1号"送入了绕月极轨道，成为世界上第五个发射月球探测器的国家。2008年，印度的月球初航1号探测器和美国的月球勘探轨道器也会赶赴月球，对月球进行一系列的探测。2010年前后，还会有美国、俄罗斯、英国、德国等多个国家的月球探测器飞向月球。21世纪前

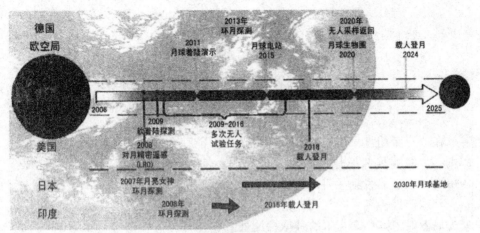

各国探月活动进程表

10 年，月球探测突然呈现出一派热闹的景象。

21 世纪人类重返月球，呈现出许多与以往月球探测活动不同的新特点。比如，月球探测的目的，由冷战时期主要满足政治需要，改变为将科学探索和经济利益相结合，以探测月球资源为主，为未来对月球的资源进行开发和利用打基础；月球探测的规模更宏大，各国将陆续发射采用最新技术成果的多种先进月球探测器，研究月球矿产资源的分布与利用技术，对月球特殊空间环境资源进行开发；打破 20 世纪只有美苏等少数几个国家对月球探测的垄断局面，美国、欧洲空间局、日本、中国、印度、英国、德国、意大利和韩国等国家或组织，纷纷制定自己的月球探测计划，并迅速着手实施，今后将有更多的国家相继参与月球探测活动，并逐渐改变以往单个国家独立实施月球探测工程的模式，采用以国际合作为主的方式。

重返月球，各国的探月方案也各具特色，有的是发射绕月探测器，对月球进行深入的全球性探测；有的准备把无人月球车和机器人送到月球表面，进行较大范围的实地考察；有的采用独立自主的方式，通过探月来发展相关技术；有的则采用国际合作的方式，以便尽早获得探月成果。不同的国家，探月活动的目的也不太一样，有的国家主要是进行科学研究，有的国家则瞄准了月球上的丰富资源，有的国家想利用探月热潮开展月球旅游，给其带来经济利益。纵观各国公布的探月计划，最终目标都是在月球建立永久性基地，开发和利用月球资源，为人类社会的可持续性发展服务，为载人探测火星作准备。

月球"勘探者号"的寻水之路

在"克莱门汀号"探测器获得月球上可能存在水冰的证据后，引发了人们进一步探测月球的热情。为了对月球上是否存在水冰进行验证，美国于1998年1月6日发射了月球"勘探者号"探测器。

月球"勘探者号"探测器是"阿波罗"计划结束25年来，美国国家航空航天局发射的第一颗专用的月球探测器。它在月球极轨道进行了为期一年的探测，测绘了月球的表面组成成分以及磁场、重力场，利用月面放气现象研究月震活动，用中子光谱仪验证月球上是否存在水冰。

美国国家航空航天局25年前中止月球探测的一个原因就是费用太高。月球"勘探者号"是美国国家航空航天局按照"较快、较好、较省"原则研制的航天器，研制费用约为3 000万美元，发射费用约为3 300万美元。该探测器的一个特点就是设计简单。月球"勘探者号"使用了现有的成熟技术，并尽可能采用经过飞行验证的仪器。月球"勘探者号"还使用了一些新技术，如高性能体载太阳能电池，是首个使用这项技术的航天器。

月球"勘探者号"探测器

月球"勘探者号"呈圆柱状，直径1.4米，高1.2米，质量约300千克，其公用平台是从近地轨道通信卫星——铱星派生而来的。月球"勘探者号"携带了5种探测仪器：①中子光谱仪，用于对月球上的氢元素含量进行探测，通过确认氢的存在，证明月球表面存在水；②γ射线光谱仪，用于对月球表面的化学成分进行测量，如铀、铁、钛、铝以及其他元素；③α粒子光谱仪，用来测量月球表面是否有从内部泄漏出来的氮、一氧化碳和二氧化碳等气体，以此确定月球内部是否有板块或火山活动；④磁强计/电子反射计和射频仪，这两种仪器用于对月球磁场和引力场进行测量，研究月球内部结构和月核。月球"勘探者号"携带的仪器能自主运行，具有相互间的容错能力。

1998 年 1 月 12 日，月球"勘探者号"进入距月面高度为 100 千米的圆形绕月轨道，轨道周期为 118 分钟。这一轨道可以让科学家们对月球表面进行迄今为止最近和最长时间的连续观测。月球"勘探者号"在工作轨道上进行了为期 10 个月的对月观测，在携带的燃料还未完全耗尽之前，地面控制人员把轨道高度降低到 10 千米，以便对月面进行高分辨率的观测。

月球"勘探者号"在轨飞行示意图

水是生命之源，人类能否在月球上建立基地，长期生存，最重要的条件之一是能否就近取得水源。另外，水分解后，还能作为火箭发动机的燃料。月球"勘探者号"的首要任务，是揭开月球水冰之谜，利用中子光谱仪来执行具体的探测任务。中子光谱仪有很高的灵敏度，能测出 1 立方米月壤中一针筒水的湿度。

月球"勘探者号"的探测结果表明，不仅在月球南极，而且在月球北极地区也可能存在水冰，且北极地区水冰数量是南极地区的两倍。月球"勘探

月球"勘探者号"携带的电子反射计

者号"首席科学家宾德尔说，中子光谱仪的测量数据表明，月球北极和南极分别覆盖有含水量为3.4%和2.2%的冰土层。初步勘测表明，月球上的水冰分别散布在月球北极近5万平方千米和南极近2万平方千米的范围之内，总储量为6×10^9吨，远远超出以前的估计，这使得月球拥有了更大的开发价值。

探测器上的磁强计和电子反射计发回的数据显示，在月面上与两个大型撞击坑对称的反面区域存在两个小磁场，从发回的重力数据来看月面下有几个新的质量密集区。这一发现被编入月球不规则重力的高质量测绘图上，以便能更准确地设计月球探测器的运行轨道。

科学家们还利用月球"勘探者号"的数据编制了月面成分图，特别是可作为其他更普通元素的"示踪剂"——钍和钾——的分布。其数据还表明，月球的铁核直径约有300千米。

月球"勘探者号"可以称得上是一个"盲目的地质统计员"，它虽携带了几套仪器，却没有配备相机和星上计算机。对于数据采集工作来说，月球"勘探者号"携带的这些设备已经够用了。探测器上的仪器可覆盖月球两极之间150千米宽的区域，从而完成了当时最彻底的一次月球地质调查。

月球"勘探者号"提供了大量有关月面上一些重点地区的基础性数据，发回与"克莱门汀号"探测器相比，月球"勘探者号"发回的月球科学数据要详细得多，这对于了解月球的起源及其整体构造是十分重要的。

1999年7月31日，美国国家航空航天局决定让生命即将终结的月球"勘探者号"，携带美国天文学家苏梅克的骨灰，撞击月球南极一座环形山内侧的山壁，以遵照其遗愿，将骨灰永留月球。利用撞击产生的高温，还可以把游离于月壤和岩石中的水冰气化，以水蒸气的形式挥发出来，从而确定月球南极是否存在水冰。

颇为遗憾的是，月球"勘探者号"的"光荣殉职"，没有换来预想获得的水蒸气信号，这给月球上到底是否存在水罩上了一团迷雾。月球上究竟是否存在水源，仍将是今后月球探测的一个十分重要的内容。

月球勘探者号拍摄的月面陨石坑

"智能 1 号"：鞠躬尽瘁

2003 年 9 月 27 日，"智能 1 号"成功发射，这是欧洲空间局发射的第一颗月球探测器，也是进入 21 世纪以来人类发射的第一颗月球探测器。

"智能 1 号"探测器升空后，首先进入地球同步转移轨道，然后利用太阳能电推进装置，极缓慢地提升轨道高度，2004 年 11 月 15 日进入月球引力作用范围，最终进入近月点 300 千米、远月点 3 000 千米的极月轨道。智能 1 号从发射到入轨用了 13 个月的时间。

造价约 1.1 亿欧元的"智能 1 号"，是欧洲空间局"小型先进技术研究任务"系列计划中的第一个研究项目，全部由低成本、小型化的尖端技术部件构成。虽然其大小类似于洗衣机，但其技术含量非常高。其起飞质量是 370 千克，其中有效载荷质量仅为 19 千克，相当于常规仪器的 1/10。"智能 1 号"探测器的有效载荷包括测绘月面地形的先进月球成像实验仪，负责寻找水冰的红外光谱仪，研究月球表面主要化学成分的小型 X 射线光谱仪等 7 台仪器。

"智能 1 号"原定工作寿命为 6 个月，后来又延长了 12 个月。在轨工作期间，"智能 1 号"围绕月球轨道飞行了 2 000 多圈，全面观测了月球表面，共传回 2 万多张月球表面图像。其中分辨率约为 30 米的先进月球成像实验仪，每周传回 2 000 张图片，清晰程度前所未有。这些数据资料可以帮助科学家追溯月球表面地理形态的演化过程以及月球的起源。一般认为，月球诞生于几十亿年前一个天体对地球的剧烈撞击，但能过智能 1 号获得的数据来看，已经能够对这种理论提出质疑。

"智能 1 号"上的小型 X 射线光谱仪，首次分析了构成月球矿物的全部主要元素，新认识。该仪器首次清晰地观测到了月球表面钙、镁等矿物质，并绘制出了迄今为止最详细的月球元素和矿物分布图，以及月球表面的整体外貌图，包括过去缺乏了解的月球不可观测面和极地概貌，使科学界首次发现月球极地与赤道区域的许多不同地质构造，也让

"智能 1 号"扫描月面示意图

智能 1 号结构图

人类第一次发现月球北极附近存在一个"日不落"区域，那里可能会成为建设月球基地的理想场所。

"智能 1 号"所获得的探测成果，为人类研究月球表面化学成分、月球起源和演化提供了大量有价值的数据。其中，月球表面物质的化学成分的分析，有助于了解月球的历史，尤其是通过与地球物质对比，科学家发现了许多类似的地方，比如钙、镁等矿物质。经过详细分析和研究就可判断出，月球是否真的是由地球与其他星球相撞后产生。

2006 年 9 月 4 日，科学家展示了一张"智能 1 号"垂直拍摄的月球南极艾特肯盆地的拼接照片。照片是在光照条件良好的情况下拍摄的，涵盖了艾特肯盆地内部长约 400 千米的区域。该盆地是太阳系里已知的最大且最古老的陨石坑，探测它有助于科学家研究月球的地理形态、地质构成和演化历史。科学家还展示了一张"智能 1 号"拍摄的月球北极的拼接照片，它对了解该地区的光照条件非常有价值，有助于为未来登陆月球和建设月球基地选址。

2007 年底，欧洲空间局对外公布了一幅利用"智能 1 号"数据制成的月面地图，将月球北极的地理和光照条件向人们展现出来。这张北极地区镶嵌图，覆盖了一个约 800 千米 × 600 千米的区域，显示了某些令人感兴趣的撞击坑的地理位置，对未来的月球探测意义巨大。

在出色完成各项探测任务后，欧洲空间局决定让"智能 1 号""以身殉职"，用剩余燃料完成撞击月球卓越湖火山岩平原的任务，从而了解月壤浅层尘埃的成分。据科学家推测，在地球生成早期，曾有一个相当于火星大小的天体击中地球，撞击形成的碎片残骸溅向太空，最后聚集形成了月球。若果真如此，那么月壤的含铁量会比地球低，但镁和铝的含量则比地球高一些。科学家希望通过检测月壤成分，进一步探索月球的起源。

"智能 1 号"撞击月球的位置（白色标记）

之所以选择撞击月球中纬度区域的卓越湖火山岩平原，是因为那里的矿物具有月面矿物不均匀的特征，月壤矿物质呈现多样性，可以提供更多关于月球物理和矿物质的数据，具有较高的研究价值。

　　如果任由"智能1号"在月球轨道上飞行，它会在2006年8月17日自然坠落在月球背面，而无法对其坠落和撞击过程进行观测。2006年6月19日至7月2日，地面控制人员对其进行了一系列轨道机动调整，以防止它在不利于科学研究时与月球相撞，同时也能延长探测任务时间。

　　2006年9月3日，"智能1号"成功击中了月球表面，由此历时3年多的探月计划圆满结束。"智能1号"撞月时的角度为1°，撞击发生时，撞击点位于月球的近地面，且处于黑暗之中，接近月球上的明暗界限，撞击溅起的尘埃，可被地面反射的太阳光照亮，所以对地面观测极其有利。

　　探测器以7 200千米/小时的水平速度、70千米/小时的垂直速度撞击月面，撞击时出现了一次小闪光，激起了高达10千米左右的尘埃，最终在月球表面撞出一个直径为3米~10米、深1米的凹坑。撞击过程中，此前估计的在月面多次弹跳的"打水漂"现象并没有观察到。从南非到爱尔兰，从南美洲到夏威夷，许多科学家和天文爱好者都成功观测到了这次撞月奇观。2001年进入地球轨道的瑞典科学卫星"奥丁"，也对这次撞月过程实施了在轨

"智能1号"上的离子发动机

"智能 1 号"尾部装有太阳能氙离子推进器

监测。

这次撞击没有对月球造成大的"伤害"。智能 1 号以 70 千米/小时的垂直速度撞击月球，这是有史以来各类探测器撞击月球中"最温柔的一次"，仅相当于质量为 2 千克的陨石撞出 10 米宽的"伤痕"，而通常自然天体的撞击速度能达到 70 千米/秒。另外，探测器上的材料和元素大都是月球上已存在的，推进器中剩余的燃料会在撞击时全部燃烧掉，因此不会污染月球。

用撞击方式来探测月球内部构造，正在成为月球探测的一种发展趋势。"智能 1 号"撞月所获得的大量数据，为以后对月球开展撞击式探测提供了宝贵的经验。印度借鉴欧洲的经验，正在设计质量为 30 千克的撞击器，该撞击器将于 2008 年搭乘月球"初航 1 号"发射升空，然后撞击月球，利用月球"初航 1 号"探测器释放的月坑观测与感知卫星，获得有关月球矿物质和水的科学数据。

另外，计划于 2008 年 10 月升空的美国月球勘测轨道器，将在 2009 年 1 月分两次撞击月球南极，以寻找那里存在水和其他化合物的证据。它的撞击能量将是 1998 年发射的月球勘探者号探测器撞击月球能量的 200 倍，因此很容易观测到。

值得一提的是，"智能 1 号"的最大亮点，既不是它所完成的科学任务，也不是最后的撞月过程，而是它成功试验了太阳能电推进系统。"智能 1 号"是世界上首个正式应用太阳能电推进系统飞向月球的空间探测器。太阳能电推进系统能将太阳能转化为电能，再通过电能电离惰性气体原子，喷射出高速氙离子流，将动力持续地提供经探测器。

与传统的化学燃料发动机相比，这种新型离子发动机利用燃料的效率要高 10 倍，但仍有其不江湖之处，就是推力小，探测器发射升空后，需要漫长的时间才能到达目的地。不过由于太阳能电推进系统利用的是太阳能，所以持续工作时间比传统发动机长得多。随着人类对空间飞行目标要求越来越高，传统火箭已难以完全满足空间飞行的需求。离子发动机很可能实现原来无法实现的飞行目标，为太阳系内的空间探测活动开辟新的途径。

美国：建设月球基地

作为世界航天强国，美国很早就有重返月球，并在那里建立永久性基地的想法。2004 年 1 月 14 日，美国第 55 届总统布什宣布了有关重返月球、建设月球基地和载人探测火星的太空探索新构想。

太空探索新构想是一项需要 30 年时间来完成的长期太空计划，主要目的是对月球、火星与空间资源进行探测，研究太阳系的演化，探索宇宙和生命的起源等。但在布什总统的言辞背后，还隐含着建立绝对太空优势、控制月球甚至太空的深层目的。

2006 年 12 月 4 日，美国国家航空航天局公布了"全球探索战略"和"月球基地计划"的初步构想和时间表。

（1）2008 年起：陆续发射一系列无人月球探测器。2008 年 10 月，美国国家航空航天局将首先发射月球勘测轨道器，该探测器将前往月球两极，寻找建造月球基地的合适位置。

完成初步观测后，美国国家航空航天局还将在 2010 年派遣类似火星漫步者的机器人，在初步选定的月面位置着陆，对月球进行实地勘测。通过勘测月球两极，以确定月球上的有多少氢元素储量，是否可以从月壤中提取人类生存所需的氧，证实月球两极的永久阴影区是否存在水冰。2016 年之前，将发射多个月球探测器，对月球进行全面勘察，为航天员重返月球和建设月球基地打基础。

（2）2018 年—2020 年：载人登月。由于未来不仅要把航天员送到月球，还要运输建造月球基地所需的大批材料和设备，美国国家航空航天局开始研制"战神"系列运载火箭和"奥利安"载人飞船，以便将载运量最大化。如果一切进展得顺利，美国计划在 2009 年到 2012 年对战神 1 号火箭进行试验飞行，2010 年淘汰现有的航天飞机，2014 年进行奥利安飞船的首次载人试飞，最早在 2018 年、最迟在 2020 年将美国航天员送上月球。

（3）2024 年：建成常驻月球基地。若是前期准备工作就绪，美国国家航空航天局准备在 2020 年开始建设月球基地。首次载人登月由 4 人小组组成，每年至少飞行两次，每次航天员在月面停留 7 天左右，直到月球基地维持生命所需的基本设施安装齐全为止。整个月球基地初级建造阶段持续 4 年，到

2024 年，建成一个具有基本功能的月球基地，科学家可以轮流驻扎在月球基地上，每次驻留时间可长达 6 个月。到 2027 年，航天员能乘坐带有氧气舱的月球车离开基地，前往更远的月球表面地方探险。

在无人月球探测计划中，美国将研制新型绕月探测器、月球车和机器人。这些新型探测器不仅能与航天员一起在月球上工作，而且在航天员未登上月球时，它们将会搜集数据，为航天员登陆月球作准备。航天员返回地球之后，无人探测器仍然在月球上工作。

美国还将发射一系列无人月球轨道器，在绕月轨道上对月面空间环境展开探测，采集有关月球表面物质成分数据，绘制月球详细的资源分布图，并提供详细的月面地形地貌，为下一步机器人、月球车和载人登月着陆点选址提供依据。继月球轨道器之后，美国将向月球发射机器人或月球车，实地考察最有价值的着陆地点，为重返月球、建设月球基地作准备。一旦确定着陆点和建设月球基地的地址，随后将进行载人登月探测。

美国无人探测计划的第一个项目已经确定，2008 年，美国将发射月球勘测轨道器。该探测器将在绕月轨道上运行 1 年，主要任务是全面探测近月空间环境，测绘月球表面的地形地貌与资源分布，对月球两极环形山阴影处的温度进行测量。为未来无人和载人探测任务寻找可能的着陆点，研究航天员在月球上生存需要的资源，是其最主要的任务。科学家将为航天员可能遇到的挑战提供解决方案。

月球勘测轨道器质量在 1 000 千克左右，其中携带的推进剂质量占一半以上。这些推进剂不仅用于把月球勘测轨道器送入绕月轨道，而且还用于维持月球勘测轨道器的轨道高度。月球勘测轨道器将运行在 50 千米的圆形极轨道上，以便尽可能详细地勘察月面。由于绕月轨道极低，为了克服月球重力不均匀的影响，月球勘测轨道器必须频繁地启动变轨发动机，以维持轨道高度。在为期 1 年的考察任务完成后，月球勘测轨道器将进入另一个运行轨道，在未来的几年内用作通信转播卫星，为其他月球探测任务提供通信条件。

美国新型载人登月飞船"奥里安"飞船进入月球轨道示意图

2010 年之后，美国还要进行一系列着陆探测，选择值得人类探访的月面地点。最后利用通信卫星系统形成一个地月通信网，这样航天员就可以从月球任何一个角落向地球发送信号。

为了载人重返月球、建设月球基地的实现，美国将研制新型载人飞船——乘员探索飞行器（奥利安飞船），新型运载火箭——战神1号和战神5号，新型月球着陆器——登月器，以及用于将载人飞船和登月器送入绕月轨道的地球飞离级，美国国家航空航天局将这样复杂而庞大的航天器系统称为星座系统。重返月球计划将历时13年，耗资1 040亿美元。

美国国家航空航天局局长格里芬表示："以往的载人航天器都是针对近地轨道飞行计划制造的，因此要实现真正的登月飞行，奥利安飞船将是整个计划成败的关键。"

奥利安飞船由乘员舱和服务舱这两部分组成，外形类似于阿波罗飞船的指令服务舱，直径为5米，总质量为25吨，乘载人数可达4人，是阿波罗飞船的指令服务舱的2倍。奥利安飞船乘员舱是航天员奔月旅途中生活和工作的座舱，也是整个飞船的控制中心。服务舱主要为飞船提供能源和飞行动力，在返回大气层之前将其抛掉。

美国国家航空航天局局长格里芬比喻说，新的载人登月工具看起来就像是"吃了菠菜的大力水手"，从一个"普通的小弟弟"，长成"格外强壮的超级勇士"。

通过竞争，2006年，美国国家航空航天局选择洛马公司为主承包商研制奥利安飞船。是奥利安飞船中富有挑战性的设计之一就是乘员舱的设计。奥利安飞船乘员舱可居住空间为12立方米～15立方米，为了增加内部可用空间，使用了更小的仪表盘。阿波罗飞船指令舱中有几百个开关，2006年11月7日美国航天飞机上有1 000多个开关，而奥利安飞船乘员舱中仅有10个或更少的开关。美国航空航天探索运行项目负责人称，奥利安飞船可能采用一体化的座位与航天服。可载4人～6人的奥利安飞船将采用类似躺椅型的座位，目前的研究将决定发射与再入时，航天服与座位是分离还是合为一体，最终的座位安排将会对驾驶员座舱的环境设计造成影响。

在发射阶段，航天员将坐在乘员舱中。乘员舱的外部使用增强型复合材料防热层，防热层的里面还将粘结一层可重复使用的表面绝缘层，以防止增强型复合材料防热层遭到损坏。其防热系统

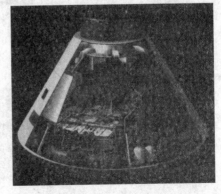

"奥利安"飞船乘员舱剖视图

既能用于国际空间站任务，也能用于月球飞行任务。

登月型"奥利安"飞船底部还要增加一个任务舱，用来携带额外的消耗品，并提供额外的空间。任务舱能提供额外的动力与通信能力，并提供与登月器进行对接的接口。

美国下一代航天员将"变矮"。这是为了适应新一代载人飞船狭窄的舱内空间。根据奥利安飞船制造商洛马公司提供的标准，航天员的身高最好在1.7 米 ~ 1.75 米之间。

"奥利安"飞船最大的特点之一，就是安全性较现在的航天飞机提高了10 倍，从而使航天员生存的机会大大提高了。提高安全性的措施是，这种新型航天器在设计时增加了一个发射逃逸系统。奥利安飞船的发射逃逸系统与"阿波罗"飞船相似，能够在发射上升阶段的任何时候实现紧急逃逸。如果运载火箭在发射过程中发生爆炸或者故障，地面指挥中心的一套计算机系统，将能够自动发射一枚火箭撞击奥利安飞船，使乘载航天员的"奥利安"飞船弹离运载火箭，降落在海面上或陆地上。当"奥利安"飞船被弹射出去时，航天员会感受到高达自身重量15 倍的压力，这种冲击力不会对训练有素的航天员造成损害。

"奥利安"飞船的用途有很多，既可以载人，也可以载货，还能与国际空间站和其他航天器对接。在执行探月任务时，奥利安飞船可乘载 4 人，飞往国际空间站和火星时，可乘载多达 6 人。

"奥利安"飞船只能将登月航天员送到环绕月球飞行的轨道，为了登陆月

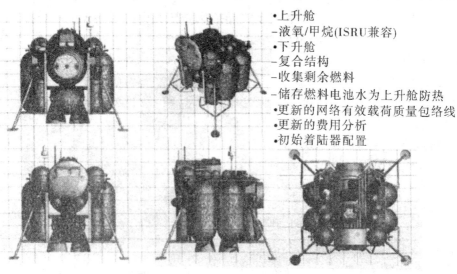

- 上升舱
- 液氧/甲烷(ISRU兼容)
- 下升舱
- 复合结构
- 收集剩余燃料
- 储存燃料电池水为上升舱防热
- 更新的网络有效载荷质量包络线
- 更新的费用分析
- 初始着陆器配置

美国新型登月器的几种设想方案

球，航天员还需借助登月器实现月面起降。新型登月器由下降级与上升级两部分构成，与"阿波罗"飞船登月舱非常相似，但要比"阿波罗"登月舱大得多。无论是在无人驾驶还是有人驾驶的模式下，登月器均能快速安全地在月球上任何地点着陆，并可以成为月球基地的一部分。登月器可乘载 4 名航天员，人数比"阿波罗"飞船增加了 1 倍，也可运载用来建造月球基地的货物 23 吨。登月器下降级是一个装有火箭发动机的 4 脚登陆架，航天员在完成任务离开月球时，上升级把航天员带回绕月轨道。登月器落向月面时，采用的是液氧、液氢推进系统，而在离开月面时，则采用液氧、甲烷推进系统。登月器着陆后，可支持 4 名航天员在月面停留 7 天左右，乘员将通过一个气闸舱到月面上展开活动。登月器还可以作为未来登陆火星的着陆器。

"奥利安"飞船和登月器绝不是"阿波罗"飞船的简单放大和重复，而是比"阿波罗"飞船有了重大技术改进。"奥利安"飞船乘员舱可重复使用 10 多次，回收之后，只要进行简单的修复，更换一下防热罩，就可以再次发射。针对未来能够将火星的大气资源转化成甲烷燃料这一点，"奥利安"飞船服务舱和登月器的上升级火箭发动机，全部使用液态甲烷作为燃料。

"阿波罗"飞船登月时，着陆区只能限定于月球赤道区域。远离月球赤道的月面区域令科学家很感兴趣，新研制的"奥利安"飞船有足够的动力，可以着陆于月面任意地点，以便对月球更多的区域进行探测和研究。

"奥利安"飞船靠太阳能电池板提供动力，这将大大减少对燃料电池和普通电池的需求；"奥利安"飞船可以在绕月轨道上自主飞行 6 个月，因此就可以让所有航天员都参加对月面的探测工作，不必像"阿波罗"飞船那样，留 1 名航天员驾驶指令服务舱在绕月轨道飞行。"奥利安"飞船还可以随时从月面返回，这使得航天员能在月球基地上长期驻留，为飞往火星和更遥远的深空做好准备。

为了发射"奥利安"飞船，美国正在研制"战神 1 号"和"战神 5 号"两种运载火箭。其中，"战神 1 号"火箭也称"乘员运载器"（CLV），主要用于发射"奥利安"飞船的指令服务舱。"战神 1 号"火箭第一级衍生于航天飞机的固体助推器，第二级采用土星 5 号火箭的发动机，火箭总高 94 米，起飞质量 907 吨，能将 35 吨的有效载荷送入 300 千米的近地轨道。

美国航天飞机与"土星 5 号"、"战神 1 号"、"战神 5 号"火箭对比图

战神 5 号也称"货物运载器"（CaLV），是人类迄今为止建造的运载能力最强大的运载火箭。"战神 5 号"火箭总高 110 米，起飞质量为 3 350 吨，可将 125 吨有效载荷送入 300 千米的近地轨道。"战神 5 号"火箭的芯级采用"德尔它 4 型"火箭的发动机，固体助推器和战神 1 号一样。"战神 5 号"的主要任务是将登月器送入近地轨道，然后利用它的地球飞离级，为完成对接的"奥利安"飞船和登月器提供足够大的奔月速度。

根据美国国家航空航天局的构想，未来载人登月过程如下：第一步，用"战神 1 号"和"战神 5 号"两种运载火箭，分别将乘有 4 名航天员的"奥里安"飞船以及登月器、地球飞离级将登月飞船送入近地轨道；第二步，"奥里安"飞船与登月器、地球飞离级在近地轨道对接，组装成大型登月飞船系统，并用地球飞离级送入奔月轨道；第三步，登月器在绕月轨道上与"奥利安"飞船分离，然后载着登月航天员着陆到月面，"奥利安"飞船仍在绕月轨道上飞行；第四步，航天员在月面停留大约 7 天左右，在月面采集岩石样本，同时为日后建立月球基地寻找水源，或者带去物资装备 23 吨，在月球表面建设月球基地。任务完成后，再乘登月器的上升级进入绕月轨道，与"奥利安"飞船对接；第五步，"奥利安"飞船抛下登月器上升级，返回地球；第六步，"奥利安"飞船在进入地球大气层前将服务舱抛掉，乘员舱通过大气减速和降落伞返回地面。

采用这种人货分离发射和地球轨道组装的方式，可以发射更大的登月飞船，为更多航天员在月球上开展更长时间的考察活动提供保证，而且安全性也高。

美国国家航空航天局认为，在月球上建立一个基地，比 20 世纪六七十年代"阿波罗"计划执行单次月球任务要好。建设月球基地不是短期月球探险，而是要在月球上建立一个永久的落脚点。通过建设月球基地，美国能够学习利用月球的自然资源生存，为载人火星之旅作准备。此外，从月球基地出发，还可以前往月球上的其他地点。

按照美国国家航空航天局的规划，美国建立月球基地的计划，是人类探索火星计划的一个重要组成部分。在美国国家航空航天局的计划中，拟建的月球基地将作为人类登陆火星之旅的中转站，不仅为探测深空提供安全

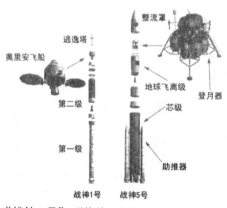

"战神 1 号"、"战神 5 号"火箭结构示意图

的避难所，而且还能够提供足够的氢气、氧气、水和火箭燃料。

在过去的几十年里，美国在载人登月、月球和火星探测等方面已经取得了许多成果，这为美国太空探索新构想打下了一定的基础。但美国要在月球上建立基地，并以月球为基地开展载人火星探索，在技术和资金等方面仍面临着巨大挑战。

"奥利安"载人飞船登月过程示意图

在技术上，尽管几十年前美国航天员已经登陆过月球，但重新登陆月球并在月球上建立基地并不是那么容易的事情，特别是要研制出新一代载人登月飞船和运载火箭。美国国家航空航天局局长格里芬也说，对于超出地球轨道的太空探索来说，阿波罗计划的技术已显陈旧，更遥远的旅程需要更强大的运载系统做支撑。当年"阿波罗"飞船是靠运载能力近百吨的土星5号巨型火箭发射升空的。1972年，"阿波罗"计划结束后，由于对于普通的空间商业发射及军用卫星发射任务来说，"土星5号"造价昂贵，庞大的运载能力也显得过剩，因此"土星5号"火箭已经停止生产了。美国目前拥有的最大推力火箭，是波音公司生产的"德尔它4型"火箭，该火箭能够将12吨的飞船送入绕月轨道，但要实现载人登陆月球，美国还需要将这种火箭的运载能力提高一倍。如果研制采用核动力的新型运载系统，其研制周期和技术难度都难以估算。另外，要在月球上建立永久基地并从月球基地实现载人登陆火星，也存在着能源如何供给，在月球上进行航天发射与测控等许多技术难题。

资金问题也是美国太空探索新构想面临的主要挑战。据初步估计，美国太空探索新构想将耗资数千亿美元。如此巨大的耗资，从里根总统提出的"自由号"空间站和第51届总统布什提出的重返月球与载人飞往火星等计划的命运来看，这一雄心勃勃的太空探索新构想，可能也会由于资金问题而被迫大幅度调整，甚至不排除搁浅的可能。

随着美国2008年11月选举产生新一届总统，美国航天界一些颇有影响力的重量级人物，正在酝酿新的太空探索计划，来替代布什总统的太空探索新构想，以便为新总统出谋划策。新的太空探索计划有可能会放弃月球基地的建设，或将改为重点发展载人小行星探测。

欧洲："重返月球"的重要力量

欧洲空间局成立于 1974 年，总部位于巴黎，现有 17 个成员国，包括奥地利、比利时、丹麦、法国、芬兰、德国、爱尔兰、希腊、意大利、卢森堡、荷兰、挪威、葡萄牙、瑞典、西班牙、瑞士和英国。欧洲空间局是欧洲国家政府间的空间探测和开发组织，欧洲空间局官方宣言称，希望集 17 国的人力、物力、财力，将单个国家不可能完成的任务完成。

欧洲空间局早在 1994 年就开始制定"欧月 2000 计划"，目的是在月球上进行基础设施建设，开发和利用月球资源。1998 年 3 月 6 日，欧洲空间局宣布于 2000 年发射一颗微型月球探测器，其主要任务是为 2001 年在月面着陆的登月舱绘制着陆区的精确地图。登月舱预定着陆点位于月球南极水冰分布区附近，该地区非常有利于建立月球科考站。遗憾的是，该计划后来因资金不足而被迫停止。但是，欧洲空间局并没有因此放弃探月的打算，而是将主要资金和精力转向研制发射"智能 1 号"探测器和火星探测器。

2003 年 6 月 2 日，欧洲空间局发射了火星探测器——"火星快车"，从而成为继前苏联、美国、日本之后第四个发射火星探测器的国家和组织。2003 年 9 月 27 日，欧洲空间局在法属圭亚那库鲁航天发射场，用"阿里安 5 型"运载火箭，将欧洲空间局第一枚月球探测器——这也是人类进入 21 世纪以来进行的第一次探月活动。智能 1 号第一次采用了包括太阳能电推进系统在内的一些正在发展的新技术进行飞行和探测，因此受到了全世界的普遍关注。

2004 年 1 月美国总统布什宣布登陆火星的太空探索新计划后，欧洲空间局随即在同年 2 月 3 日正式宣布了雄心勃勃的曙光火星探测计划：力争在 2011 年发射欧洲第一个火星取样探测器，采集 500 克火星岩石后返回地球，力争在 2033 年实现载人登陆火星。

"欧月 2000" 探测器

这个计划与美国火星探测计划的时间表相一致，但比布什总统宣布的在2020年之前载人重返月球以及在2030年登陆火星的空间探测新计划更为详细。

在确定了火星上是否存在生命，并检验了飞行器着陆、发射和返回技术之后，欧洲空间局准备实施载人登月计划，以检验新的生命保障系统。"曙光计划"项目经理佛朗克·安格鲁表示："我们认为在2020年至2025年之间实施登月和2030年至2035年之间登陆火星的载人航天计划，在技术上是具有可行性的。但是在登陆火星之前，我们要先'重返月球'。"

欧洲空间局已决定于2008年前再发射一个月球探测器，随后在2009年或2010年，实现在月球表面软着陆，2020年前实现载人登月，2025年左右将永久性月球基地建成。

2006年9月，"智能1号"月球探测器在月球探测任务完成后，成功撞向月球南极指定区域。"智能1号"所获得的巨大成功，大大激发了欧洲人对探月的热情。2007年4月，欧洲空间局向科学家们征求下一代科技探索计划时，收到的70多份提议中，探月项目多达30余项。

"全世界即将掀起新一轮探月热潮，这一次，欧洲空间局要走在前面。""智能1号"成功撞击月球后，欧洲空间局官员2006年9月如此表示。在德国举办的欧洲行星科学大会上，欧洲空间局将一项新的月球钻探计划公布出来。该计划准备利用太阳能钻探器，在月球表面钻出一个50厘米宽的钻孔，通过科学仪器对岩石样本进行分析，并用小型返回舱将结果送回地球。欧洲科学家们希望在月球上找到源自地球的早期陨石，通过对陨石样本的分析，探索人类生命的起源。

欧洲公布的探月计划不像美国、俄罗斯的探月计划那样泛泛而谈，而是更注重实效。从欧洲空间局成立到探月计划的实施，欧洲从未表现出"赤裸裸"的抢夺月球资源和争夺太空制高点的意图，而是着重强调"科研价值、资源开发和实践人类梦想"。欧洲空间局不谋求独立的载人登月，而是希望以自己掌握的技术，以多种形式参与到其他国家和地区的大型探月项目。在载人登月活动中，欧洲空间局很可能参与以美国为主导的国际合作。

欧洲空间局对其成员国独立开展太空探索项目的行为并不给予禁止。欧洲空间局一位发言人说："我们的每个成员国，都可以开展自己的探索

英国准备发射的"月光"探测器

项目。"其实，欧洲空间局成员国中，已经有一些国家在独自开展月球探测项目，如英国、德国和意大利。

受全球探月热潮的影响，英国科学家 2007 年公布了其无人探月计划。在这项耗资近 2 亿英镑的计划中，英国准备在 2010 年向月球发射两颗探测器，其任务是探索生命起源和宇宙进化的历史。

英国计划发射的第一颗探测器名字叫"月光"。"月光"探测器在功能上类似于日本的"月球 – A"探测器。"月球 – A"探测器原定于在进入绕月轨道后，向月面发射 2 枚用于研究月震的穿透器，但由于迟迟未能解决穿透器如何承受剧烈冲击这一难题，该工程一度搁浅。

月光探测器在接近月球后，将绕月球轨道飞行，并向月球发射 4 枚射钉。在这 4 枚射钉中，至少将有 1 枚射向月球南极或北极地区，1 枚射向月球赤道地区，其余 2 枚射向月球背面地区。收集月球地震信息和温度信息，分析月球表面构成和地理活动，就是这 4 枚射钉的任务。射钉最深测量深度，可达到地下 2 米。据英国科学家介绍，这 4 枚射钉每枚质量约 13.5 千克，撞击月球时的速度将达到 300 米/秒。为保护其内部设备在撞击时不被损坏，特意采用了军工技术生产。英国科学家将发射月光探测器视为对探索木卫二的预演。木卫二是木星的第二颗卫星，表面覆盖着冰层甚至是液态海洋。由于木卫二的结构与地球相似，因此它一直被人们认为是最有可能存在生命的星球之一。月光探测项目如果成功的话，将有助于英国探展开对木卫二的探测。

月光项目成功后，英国将接着实施"月耙"项目。"月耙"是一颗软着陆探测器，对月壤和岩石进行分析，寻找水和有机物存在的证据，是其主要任务。如果软着陆成功的话，该探测器将成为首个在月球软着陆的欧洲探测器，并进行有史以来最为细致的月球表面数据探测。

英国虽然还从未独立向月球发射过探测器，但英国的太空探索历史是相当悠久的。英国科学家希望通过这次无人探测计划，打造一次纯英式的探月飞行。考虑到这是一次民用科研活动，英国也希望接受来自其他国家的投资。另外，在未来的合作中，英国科学家还希望发射任务由其他国家的运载火箭承担。

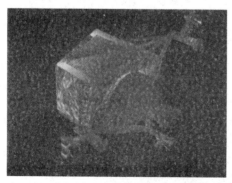

英国研制的"月耙"软着陆探测器示意图

德国科学家 2006 年 11 月就开始讨论德国独立实施探月项目的可能性，2007 年 2 月，德国 11 家航天研究所共同制订了一份探月时间表。根据德国官员和专家在一次学术会议上描述的蓝图，德国计划在 2013 年前发射一个携带高分辨率摄像机的月球探测轨道器，该探测器将环绕月球运行 4 年。在这一项目完成后，德国还计划在 2020 年前发射能够对月壤取样的返回式探测器。德国联邦政府将于 2008 年审查上述计划，但德国迄今为止尚无载人登月计划。

德国探月的目标非常明确，即使用高精度探测仪器，对月球表面的构成进行详细的考察，调查尚不为人类熟悉的月球极区，绘制比以往更加完整、清晰的三维月球地图。德国的探月计划还包括对月球表面的年龄、矿物质组成、磁场和内部结构等的考察，为制作世界上第一张详细的月球地图资料。

20 世纪 50 年代末以来，人类向月球发射了上百颗探测器，但迄今为止只有很少一部分月球表面被绘制成精确度较高的地图，月球上仍有很多谜团还有待人们去解开。如果美国建立月球基地的计划将来付诸实施，预计也会从德国绘制的月球详图中受益。

物理学家出身的德国总理安格拉·默克尔领导的政府，已经发出明确信号，德国政府准备投入 3 亿欧元，作为月球探测轨道器项目最初 5 年的经费。

航天专家指出，作为欧洲空间局成员国，德国并不缺乏独立实施探月项目所需的先进技术。德国科学家在外太空测量、摄像和雷达技术方面处于世界领先地位。欧洲空间局火星快车探测器搭载的高分辨率摄像头，就是德国科学家的"作品"。

德国于 2007 年 8 月宣布，将在 2012 年发射月球探测轨道器。该任务包括 2 个编队飞行的空间探测器，主探测器质量约 500 千克，附属探测器质量约 150 克，整个探测过程持续 4 年，该探测器有可能会观测到新的月球撞击事件。

德国单独实施探月计划，既有与英国类似的原因，也有不同之处。德国更重视技术的发展，另外对月球资源分布更感兴趣，这表现在德国注重对月壤的探测，以及对月球地形的研究。

意大利航天局也准备在未来几年内启动一项月球探测计划，通过在月球安放一个巨型高倍天文望远镜，让人们对月球、地球甚至宇宙有更多的了解。该计划预计耗资 1.5 亿欧元，将在 15 年内完成。意大利科学家准备通过遥控机器人来安装天文望远镜，并与欧洲空间局及美国国家航空航天局联合实施该探测计划。未来几年内，意大利航天局将陆续把天文望远镜的零部件运往太空。

德国 OHB 公司研制的"蒙娜丽莎"月球着陆器示意图

俄罗斯：新世纪再创辉煌

20世纪60年代，前苏联在探月竞赛中一度领先，并取得了辉煌的成就。然而，伴随前苏联的解体，俄罗斯经济发展一度停滞。在缺乏资金的情况下，俄罗斯航天活动被迫压缩"瘦身"，以便将有限的资金投入到空间站的建设上，所以其月球探测活动近30年来几乎毫无进展。

20世纪90年代，俄罗斯曾制订过一个探月计划，并准备于1997年底开始实施，目标是提取月球上的氦－3，以满足俄罗斯的能源需求。该计划分三个阶段实施：1997年—2001年，发射几个月球探测器，建立月球探测网，全面绘制月球图；2001年—2010年，发射月球车，采集月岩样本并运回地球对其分析，以确定其中的矿物含量和矿藏富集区；2010年后，建立月球基地，研究采矿工艺。后来由于资金的问题，该计划未能实施。

进入新世纪，美国、欧洲空间局、日本、印度等国家和地区，都制订了详细的月球探测规划，并加紧开展对月球探测活动。俄罗斯这个曾经在探月方面遥遥领先的国家，不得不重新审视自己的实力与探月活动的战略意义。

近年来，随着经济的逐步好转，在沉寂多年后，俄罗斯重新发力，开始向月球发起新的"冲锋"。2005年，俄罗斯政府批准了新的10年航天规划——《2006年—2015年俄罗斯联邦航天发展规划》，并决定在2012年首先实施月球—全球环月探测项目。

月球—全球环月探测项目的主要任务是发射绕月探测器，探测月球表面前探测，为未来月球车登陆月球选择理想的地点，为今后建立月球基地进行前期考察。这次任务完全由俄罗斯单方面实施。

月球—全球环月探测项目计划在2012年进行首次发射，将名为"渗透者"的探测器送入绕月飞行轨道，以便获得关于月球地质的第一手资料。"渗透者"探测器由10枚高速钻透器、2枚低速钻透器、1个极地着陆器和1个轨道器组成。高速钻透器和低

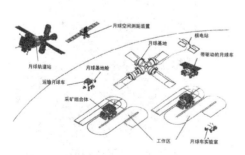

俄罗斯提出的月球工业开发设想

速钻透器中携带有月震监测仪，以采集月球表面的月震波数据，该数据对于了解月球的起源意义重大。渗透者探测器进入绕月轨道后，10 枚高速钻透器将射向月面的丰富海地区，2 枚低速钻透器射向"阿波罗 11 号"和"阿波罗 12 号"飞船着陆地点。这些形状如同导弹的钻透器，能够钻入月球表面，通过携带的传感器搜集相关

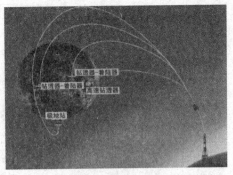

俄罗斯月球—全球计划示意图

数据。极地着陆器上装有质子光谱仪和中子光谱仪，计划在月球南极阿特金盆地附近着陆，以寻找月球存在水冰的证据；轨道器则在绕月极轨道上运行，对月球进行遥感探测，同时将着陆探测器发出的信号传回地球。

在"渗透者"探测器发射成功后，俄罗斯还会将全新的月球车送上月球，进行月面巡视探测。在探月的第二阶段，俄罗斯计划向月球发射科学实验室，即能够实施多光谱探测的科学仪器。这项任务俄罗斯希望通过国际合作来实现，并已经邀请印度、中国和欧洲国家参加。其中，探测器的发射和着陆，将由俄罗斯来承担，其他受邀国家可以为着陆舱提供科学仪器。印度已与俄罗斯就此签署了一项合作协议。第三阶段，俄罗斯将发射取样返回探测器，把月壤月岩样品带回地球进行分析研究。第四阶段，俄罗斯将在月球表面选择建设自动探测基地的最佳区域，这是在未来月球探测计划中载人登月要完成的工作。

俄罗斯拉沃奇金科学生产联合公司总经理兼总设计师戈奥尔吉·波利修克说，俄罗斯月球—全球探索任务，有可能从 2012 年提前到 2009 年—2010年。这主要是由于两方面的原因：一是俄罗斯经济的飞速发展，如能源价格的上涨，使俄罗斯获得了充足的研发经费；二是俄罗斯政治家一致支持月球探测项目。

2004 年初，在美国和欧洲空间局公布载人登月新计划之后，俄罗斯能源航天与火箭公司也提出了庞大的探月计划。2007 年 1 月 12 日，俄罗斯能源航天与火箭公司总裁谢瓦斯季亚诺夫透露，该公司新的登月计划分为三个阶段：第一阶段是 2010 年—2015 年，届时俄罗斯将研制出新的联盟系列飞船，实现多次登月飞行；第二阶段是 2015 年—2020 年，俄罗斯将利用飞船建立起地球与月球之间的运输通道；第三阶段是2020 年—2025 年，计划在月球上建立永久基地，并对月球上的资源开始进行开发。但是，俄罗斯能源航天与火箭公司提出的这项载人登月计划，一直没能得到俄罗斯政府的批准。

俄罗斯政府的载人登月计划迟迟没有出台，反而引起了欧美各国的极大关注。直到 2007 年 8 月 31 日，俄罗斯航天局局长佩尔米诺夫才正式宣布，俄罗斯将在 2025 年实现载人登月，2027 年着手永久性月球基地的建设。

俄罗斯正在研制的可用于载人登月的"快船号"新型飞船

按照俄罗斯航天局局长佩尔米诺夫 2007 年 8 月 31 日公布的计划来看，俄未来 30 年的航天计划将分三步走：第一步，在 2015 年前，完成对国际空间站俄罗斯舱段的组装任务；第二步，在 2016 年—2025 年间，实现航天员登月；第三步，2027 年—2032 年间，在月球上建立常驻考察基地。随后，俄罗斯将利用月球基地作为远征火星的跳板，在 2035 年后开始载人火星之旅。

佩尔米诺夫说，俄罗斯需要研制出新的飞船和发射系统。俄计划在 2015 年前建成可多次重复使用的新型载人飞船、新的运载火箭，并建设新的发射场。今后，俄罗斯载人航天发射不仅考虑使用哈萨克斯坦境内的拜科努尔发射场，还考虑使用本国的发射场。

此外，俄罗斯还计划在 2016 年—2025 年之间，建成新一代地球轨道空间站，届时飞往月球和火星的航天器，可以从地球轨道空间站直接发射。为了实现这一目标，俄罗斯计划将国际空间站的服役期限从 2015 年延长至 2020 年。

尽管俄罗斯的载人登月和载人火星探测计划雄心勃勃，但佩尔米诺夫也承认，对俄罗斯来说，载人飞往火星还是一个长期目标，因为还有很多困难未能解决，资金不足就是制约俄罗斯航天发展的"瓶颈"。因此，俄罗斯将积极寻求与中国、印度等国家的合作。

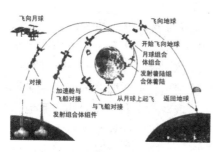

俄罗斯未来载人登月设想方案

对于俄罗斯来说，前苏联作为世界上最早探测月球的国家，却没能完成载人登月的目标，这是其心头之痛。如今，俄罗斯实现载人登月所承载的，已不仅仅是科学探索方面的意义，更是俄罗斯提升国际威望、树立大国地位的重要指标。正如俄专家古萨洛夫所说："如果在航天领域不能占领一席之地，我们就无法真正在世界上发挥重要大国的作用。"

日本：意在开发月球资源

　　由于日本资源十分贫乏，所以一直希望在月球资源开发方面占有一席之地，因为日本探月的兴趣由来已久。在月球探测领域中，日本曾实施过多个探测计划，甚至很早就制订了建设月球基地的计划，但由于技术和资金等方面的原因，探月活动总是力不从心。随着大型绕月探测器——"月亮女神"——于 2007 年 9 月 14 日顺利升空，日本对月球探测信心倍增。

　　日本的探月计划从 20 世纪 80 年代中期就已经启动。1990 年 1 月 24 日，日本率先打破美苏对月球探测的垄断局面，成功发射了"飞天号"月球探测器（又称"缪斯 A"），成为继美苏之后第三个发射月球探测器的国家。日本发射的飞天号探测器，主要用于试验和验证借助月球引力飞行的技术。

　　飞天号探测器呈圆筒形，直径 1.4 米，高 0.8 米，质量为 182 千克，顶部有一个质量为 11 千克的小多面体形造箭室号月球轨道器（又称"羽衣号"）。

　　从地面发射后，飞天号进入一条大椭圆地球轨道。在这条轨道上，它从月球旁边飞过 10 次，以便探测地月空间环境。在地球轨道飞行 50 多天后，当飞天号运行到距月球 1.8 万千米处时，利用月球引力实现了第一次加速，进入远地点更靠近月球的大椭圆轨道上。

　　1990 年 3 月 18 日，在第一次借助月球引力加速的同时，飞天号还向月球释放了"造箭室号"月球轨道器。"造箭室号"轨道器被部署到绕月轨道上，轨道高度大约为近月点 7 400 千米、远月点 2 万千米，轨道周期为 2.01 天。

　　"造箭室号"月球轨道器主要用于对月观测，但在进入绕月轨道前，由于晶体管收音机发生了故障，因而没能向地球发回任何信息。

　　1993 年 4 月 10 日，"飞天号"探测器在地月空间飞行两年多后，地面控制人员利用用仅剩下的燃料，有意让它坠毁在月面上，结束了它的探测使命。

日本发射的"飞天号"探测器

在吸取了飞天号探测器的经验和教训后，1991年，日本启动了"月球－A"计划，其设定的主要目标是在1995年发射"月球－A"轨道探测器。"月球－A"轨道探测器进入月球轨道后，将向月面投放2个用于研究月震的穿透式着陆器。穿透式着陆器冲击月面的瞬间，冲击加速度将达到6 000g以上，可深入到月面以下1米～3米的地方，以便对月球内部构造、组成和热状态等进行探察。

尽管"月球－A"轨道探测器于1996年就已研制成功，但如何使穿透器承受住钻入月面时的剧烈冲击，却迟迟未能解决。经过6次延期，并投入超过1.7亿美元的研发经费后，穿透器的研发问题终于被攻克，并在2006年完成了穿透器试验，但已有10年之久的"月球－A"轨道探测器本身已经老化落后，因而不能再使用。

由于对"月球－A"轨道探测器进行修理和重新打造的费用过高，日本宇宙航空研究开发机构决定放弃"月球－A"计划，转而实施月亮女神探测计划。在2007年1月30日结束的会议上，日本文部科学省宇宙开发委员会就宇宙航空研究开发机构中止"月球－A"探月计划的决定提出报告，对该机构中止整体计划但继续开发穿透式着陆器的决定表示。

"月球－A"计划之所以未能实现，在于日本宇宙航空研究开发机构未能充分估计到可能遇到的技术难题。在"月球－A"计划中，日本的月球轨道器技术相对比较成熟，但穿透器的研发技术比较前沿，研制过程中难以预料的技术难关也比较多，遇到诸多事先无法预料的问题，导致两者的开发严重脱节，影响了整个探月计划的顺利实施。若是先进行难度大的穿透器研发工作，然后再决定整个项目是否启动，不仅可以节省资金，提高效率，也可以避免并行开发两种技术所带来的严重后果。

"月球－A"轨道探测器及穿透器工作示意图

不过，经过长期沉寂后，日本的"月球－A"计划于2008年初又复活了。据2008年初的消息，"月球－A"有可能搭载在俄罗斯的月球轨道器，于2010年进入绕月轨道，然后在绕月轨道上向月球射出穿透器，使穿透器钻入月球表面进行探测研究。

其实，"月亮女神"探月计划最早始于1999年。当时受到美国阿波罗登月计划的启发，还有宇宙科学发展的需要，日本的科学家和天文学家暗自综合了当时最先进的开发技术，试着开发出最先进的新型月球探测器。日本宇宙航空研究开发机构称，该计划是美国阿波罗计划以来，规模最大、同时也是最复杂的探月计划。

经过多年的努力和一延再延之后，"月亮女神"探测器终于在2007年9月14日顺利升空，这时已比预定时间延后了4年。

"月亮女神"探测器由主轨道探测器和两颗大小相同的子卫星（也叫"子轨道探测器"）组成，两颗子卫星分别称做"干涉测量子卫星"和"中继子卫星"。其中主轨道探测器用于对月球表面元素和矿物分布、表面和亚表面结构、重力场、剩余磁场以及高能粒子和等离子体环境的探测；干涉测量子卫星主要负责测量月球的精确位置和运行轨迹，以及测量月球重力场；中继子卫星主要用于保障主轨道探测器与地面的通信，并中继主轨道探测器和地面站之间的多普勒测距信号。月亮女神探测器直接测量月球背面的重力场，这在世界上应属首次，其携带的差分甚长基线干涉射电源和干涉测量子卫星，用于精确地确定月球的重力场。

干涉测量子卫星为1米×1米×0.65米的八角柱形结构，质量为50千克。柱的顶部中央安装有双极天线，体装式太阳能电池阵贴装于其8个侧面上。该子卫星拥有1个X频段和3个S频段无线电发射机，与中继子卫星配合，能从地面用甚长基线干涉测量技术，精确测量离月面较近处（800千米以下）的月球重力场。干涉测量子卫星运行在近月点100千米、远月点800千米的椭圆轨道。

中继子卫星与干涉测量子卫星的大小、外形一样，质量为50千克，其主要负责转发主轨道器与地面站之间的通信信号，同时也中继干涉测量子卫星和地面站之间的多普勒测距信号，实现世界上首次直接测量月球背面重力场。它运行在近月点100千米、远月点2 400千米的椭圆轨道。

"月亮女神"探测器的具体发射程序如下：先用"H2A－13"运载火箭，将"月亮女神"探测器送入近地点281千米、远地点23万千米的初始

日本发射的"月亮女神"探测器

"月亮女神"探测器顶部携带的两颗子卫星

大椭圆轨道。发射后的第 15 天，"月亮女神"探测器自带的轨控发动机点火，进入地月转移轨道。在地月转移轨道飞行途中，对"月亮女神"探测器进行两次轨道修正，以保证精确进入环月轨道。发射的后第 20 天，"月亮女神"进入近月点 120 千米、远月点 13 000 千米的初始环月轨道。发射后的第 24 天，"月亮女神"再次减速下降，进入近月点 100 千米、远月点 2 400 千米的椭圆轨道，月亮女神探测器顶部携带的两颗子卫星并释放中继子卫星。发射后的第 28 天，"月亮女神"再次减速下降，进入近月点 100 千米、远月点 800 千米的椭圆轨道，并释放干涉测量子卫星。发射后的第 37 天，装备在有大部分科学探测仪器的"月亮女神"主轨道器调整运行轨道，进入距月球 100 千米的圆形极月轨道，然后在这条轨道上进行为期 1 年的探测任务。

"月亮女神"探测器共携带了科学仪器 15 台，其中有些仪器的探测精度，超出以往同类仪器的 9 倍~99 倍。

"月亮女神"探测器发射的成功，使日本空间探测领域迈出了一大步。在这之后，日本还有一个雄心勃勃的月球探测计划。

2005 年 3 月，日本宇宙航空研究开发机构公布了未来 25 年太空开发远景规划草案，其主要内容是：在 2015 年前建立无人月球基地，开展载人航天活动，在月球建设作为小行星探测中转站的深空探测基地等；到 2030 年，对可使航天员长期驻留的永久性月球基地相关技术进行开发，包括可以大规模利用的生命保障技术、太阳能发电技术和微波传输技术，最终建立可供 2 名~3 名航天员在月球居住和工作的永久性月球基地。

为了载人登月的实现，"月亮女神"探测器发射成功后，在未来几年内，日本还要发射 1 个~3 个着陆探测器登陆月球，在月球上收集相关标本和进行开发实地勘测。

2006 年，日本已研制出了月球车样车，月球车可爬 20°的斜坡，能畅行无阻地行驶在沙地上。因天体碰撞和自然演

"月亮女神"探测器正在释放子卫星

化留下的凹坑和岩石布满在月球表面，表层土壤有大量相对松软的细沙，美国"阿波罗计划"中使用的月球车，曾出现过陷车和爬坡困难等问题。为解决这些问题，日本研制出的月球车使用了 4 条密封履带，每条履带包裹 5 只车轮。在类似月球表面的沙地上进行的测试结果表明，这辆长 70 厘米、宽 60 厘米、高 40 厘米的月球车每秒可行驶数厘米，爬 20° 的斜坡不

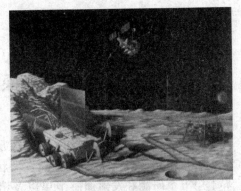

日本设想的月球采矿机器人

会滑落。日本计划在 10 年的时间里，内利用月球车勘察月球资源和环境状态，为航天员登月作准备。

作为登月计划的一部分，日本还打算启用拟人化机器人来建设月球基地。日本的机器人技术处于世界领先地位，在空间探测器上搭载机器人，日本早有先例。在 2005 年 10 月，日本发射的"隼鸟号"探测器，就向丝川小行星投放了小型机器人，只不过未能成功着陆。

拟人化机器人可以代替航天员在月球特殊的环境下工作，如操作望远镜、探矿和采矿。早在 2002 年，日本宇宙航空研究开发机构与东京大学一起，成功开发出一种称为"月球探测鼹鼠机器人"的探测装置。该机器人是一个直径 10 厘米、长 20 厘米的圆筒，从绕月探测器投放到月表后，可以像鼹鼠一样垂直钻入月表地下 11 米，采集矿物质，对月球地表的结构进行分析。这种机器人有掘进和排砂两种装置，排砂装置有两根旋转的滚柱，把挖出的沙石辗轧结实，掘进装置把活塞顶在辗轧后的砂石上，用活塞推动机器人身体前进。接下来，日本科学家还要研制月球地面配合设备，这些设备除了向月球机器人提供电力之外，还负责机器人探测数据的接收。

按照日本宇宙航空研究开发机构的近景计划，"月亮女神 2 号"预计于 2012 年发射。"月亮女神 2 号"是由 2 米高的着陆器，装有机械臂的月球车，以及围绕月球运行的中继卫星构成。2018 年，日本将发射一个取样返回探测器。日本月球天文台也有望于 2010－2020 年建立。此次"月亮女神"探测器所收集到的数据，为今后的月球研究提供了基础条件。

上述计划的实施，日本宇宙航空研究开发机构所做的预算可能将达到 570 亿美元。尽管目前这些计划的经费尚未全部落实，但是日本宇航开发机构的负责人表示，希望能够得到政府的支持，在开发利用月球方面采取更加积极的措施。

印度：探月新成员

作为四大文明古国的印度，随着近几年的迅速崛起，印度也努力展示其大国形象。40多年来，印度不断发展壮大自己的航天事业。如今，印度是世界上第五个研制和发射遥感卫星以及第七个用自制运载火箭发射国产卫星的国家，且能够用自己研制的低温火箭发射地球同步轨道卫星，将世界航天第六强的席位牢牢地占据着。

作为世界空间大国，印度一直对别国空间探索取得的进展十分敏感。每次美欧特别是中国公布新的空间计划后，印度都会将自己的探月计划、火星计划重新拿出来报道一遍，以示本国并不落后于其他国家。与此同时，"印度登月一定要领先中国"的言论，也经常见诸印度报端。印度媒体认为，"印度要是能在2020年实现载人登月，将比中国早4年，可以夺回主动权"。

印度原计划2008年发射月球"初航1号"探测器，后来为了与中国竞

印度月球"初航1号"飞行轨道示意图

争，将发射时间提前到了2007年。在欧洲空间局的"智能1号"探测器成功击中月球后，印度又修改了月球"初航1号"的探测任务，准备在绕月探测活动中进行一次撞月探测，以激起月面物质，获取月面矿物成分和水冰的科学数据。为此，印度又研制了一个质量为30千克的撞击器，其发射计划推迟到了2008年。

据预算，月球"初航1号"探月计划耗资仅为8 860万美元，这在各国探月工程预算中是最少的。但在印度国内，仍有不少科学家对这一行动提出质疑，认为印度没有扎实的航天科技基础，在此基础上强行探月，很可能会为更大的失败埋下隐患。

另外，印度国内一些人士还认为，进行月球探测活动，印度太空探索机构需要发射多个月球探测器。天文数字般的探月费用，

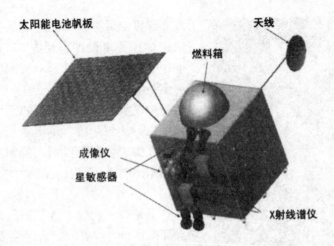

月球"初航1号"结构示意图

将会成为印度无法负担的奢侈品。印度目前11亿人口中，有1/4的人还有过着贫困的生活，许多人每天的生活费还不到1美元。为数不少的人说，与其花费数十亿美元搞可能没有结果的探（登）月计划，不如将钱用在改善教育和人民生活上。

这些反对的声音并没有动摇印度政府推进探（登）月计划的决心。1998年至今，印度航天经费预算的涨幅接近90%，仅2005年—2006年财政年度的预算，就已经高达7亿美元。

月球"初航1号"的总质量为1 050千克，设计寿命为2年，拟用印度研制的极轨卫星运载火箭发射，先进入近地点240千米、远地点24 000千米的地球轨道，随后利用自带的推进系统，进入地球同步转移轨道，最终进入距离月面100千米的月球极轨道。月球"初航1号"计划在绕月极轨道运行2年，对月球表面化学和矿物成分进行勘察，绘制完整的月球化学成分地图和三维地图。月球"初航1号"还要用一个撞击器撞击月球，用来探测月球两极是否存在水冰，检验未来登月飞船的控制技术。

月球"初航1号"采用国际合作的方式研制，上面装有7台印度的科学探测仪器，3台欧洲空间局的科学探测仪器，2台美国的科学探测仪器的1台保加利亚的科学探测仪器。

为了保证月球"初航1号"这项探月计划能够顺利实施，印度维克拉姆·萨拉巴海太空中心研制了助推火箭，印度空间研究组织则修正和测试了月球"初航1号"探测器的遥感系统。在太空应用中心，3部高清晰度的数码相机已经制作完成。为了接收月球探测器的信号，印度建设了直径为34米的

印度用于发射月球"初航1号"
的极轨卫星运载火箭

天线。印度航天测控中心专家认为，对于印度的探月任务来说，直径为25米的天线就足够了，但为了今后的深空探测任务，必须留有余量。

经过7年的努力，印度的探月计划已经进入了最后冲刺阶段。不出意外的话，2008年，印度将成为继俄罗斯、美国、日本、欧洲空间局和中国之后，第六个探测月球的国家。

如果月球"初航1号"探测计划获得成功，那么印度在2016年前还会发射月球初航2号，实现在月面软着陆，对月壤和岩石样本进行采集。这个着陆器质量预计在30千克~100千克之间，能在月球上工作好几个月，印度为此投入的资金为1亿美元。

不仅如此，印度在探月上还怀有更大的雄心，那就是赶在中国之前实现载人登月，为印度航天员飞往更远的星际空间，比如火星作准备。目前，印度空间研究组织已草拟出一个雄心勃勃的载人航天及登月计划。这项计划将分两步实施：第一步，在2014年，发射载人航天器，将航天员送入太空，实现载人航天。载人航天器质量为3吨，可乘载2名航天员，初次飞行时间可能为1天。第二步，在2020年左右，将印度航天员送上月球，实现登月梦想。这项计划预计耗费超过1 000亿卢比（约合25.6亿美元），耗时7年~10年。

2007年1月，印度成功用一枚极轨卫星运载火箭将首个返回式太空舱和3颗卫星送入太空。发射返回式太空舱，主要是为了对印度掌握的航天器回收技术进行验证。这次发射成功，为印度发射无人月球探测器和载人登月迈出了重要的一步。

第四章

人造卫星显神威

多样化人造卫星

从人类发射第一颗人造卫星以来，迄今为止已有 170 多个国家和地区开拓了卫星应用，其发展速度着实惊叹不已。1957 年全世界仅有 2 颗卫星上天，1958 年达到 8 颗，1959 年 14 颗，1960 年 35 颗，到 1960 年后，每年发射的卫星都在 100 颗以上。截止 1996 年，世界各国发射的卫星总数为 4000 颗左右，其中绝大多数已停止工作或坠入大气层而被烧毁，虽然仍留在轨道上继续工作的卫星为数不多，但却名目繁多，按用途分，可分为科学卫星类、技术试验卫星类和应用卫星类等三大类。其中每一类又可按具体的用途范围再进行分类，如用于科学探测研究的卫星有空间物理探测卫星和天文卫星等；直接为国民经济、军事和文化教育服务的应用卫星有通信及广播卫星、气象卫星、测地卫星、导航卫星、地球资源卫星、侦察卫星等。按运行轨道分，

人造卫星

有低轨道卫星、中高轨道卫星、地球同步轨道卫星、地球静止轨道卫星、太阳同步轨道卫星、大椭圆轨道卫星和极轨道卫星等。

上述各式各样的卫星，不仅有不同的用途，其外形也呈现出千姿百态，有球形、锥形、圆柱形，有的伸出长长的"触角"，有的则张着庞大的"翅膀"；有的像翩翩起舞的蝴蝶，有的又像戴在帝王头上的"皇冠"。卫星的外形不仅有不同的用途奇形怪状，这并不是科学家随手之作，而主要是根据卫星肩负的使命，对卫星有效容积、姿态控制特征、能源要求和运载火箭大小等因素进行综合考虑后确定的。

卫星的外形虽然复杂，执行的任务也各不相同，但不论什么卫星，其基本组成通常都是由专用系统和通用系统这两大部分构成。专用系统的组成将视卫星担负的任务而定，如通信卫星有无线电接收和转发设备等通信专用系统，侦察卫星必须有高空照相机、可见光和红外扫描辐射仪等遥感设备，科学探测卫星必须装有相应的探测仪器等。照明发电类卫星则必须有太阳光反射与接收等聚能转换系统等。而通用系统则是各类卫星都必不可少的组成部分。通常包括结构、温度控制、姿态控制、遥控、无线电遥测、跟踪和能源等分系统。

技术试验卫星

进行新技术试验或为应用卫星进行试验的卫星。人造卫星在发射上天前必须经过一系列的地面试验，用来试验卫星的技术性能。但是地面环境毕竟与太空中的环境不同，在地面上试完了还必须上天"实地"试一试。无论哪个国家在发射每一种应用卫星之闪，都要发射一些技术试验卫星。美国的返回式卫星就是发射了 12 颗技术试验卫星后才掌握了卫星回收技术的。从 1966 年 12 月到 1974 年 5 月，美国曾发射了 6 颗多用途技术试验卫星，称之为"应用技术卫星"系列。这些卫星进行了很多试验：空—地和船—岸之间的话音通信；传输全球云层分布图；卫星导航；卫星天线作用；卫星姿态稳定及无线电传输等，为美国以后研制、应用通信卫星、气象卫星、导航卫星、资源卫星作了大量的准备。

随着试验项目的完成，某类卫星的技术和应用技术逐渐被人们掌握，于是在新种类卫星诞生前，试验卫星的发射便大大减少了。

中国第一颗科学探测和技术实验卫星是"实践 1 号"卫星。它于 1971 年 3 月 3 日发射，重 221 千克，外形为近似球体的多面体，直径 1 米。它的主要任务是试验卫星上太阳能电池供电系统、主动无源温度控制系统、长寿命遥测设备及无线电线路性能及其他太空环境探测。"实践 1 号"的设计寿命为 1 年，可它的实际工作年龄达 8 年之久，直到 1979 年 6 月 17 日才陨落。技术试验卫星中最让普通人感兴趣的是生物卫星。我们知道，在载人航天之前必须先进行动物试验，看看动物能否适应太空生活，看看太空失重、强辐射的环境对动物的生长、发育、遗传、生育有哪些影响，采取相应防护措施，然后才能慎重地将人送入太空。

1957 年 11 月 3 日，前苏联发射了一颗载有一只名叫"莱伊卡"小狗的人造卫星——"人造地球卫星 2 号"，这是世界上第一颗生物卫星。

侦察卫星

窃取军事情报的卫星就是侦察卫星，它站得高看得远，既能监视又能窃听，是个名副其实的"超级间谍"。

1990年8月2日，伊拉克突然袭击并侵领了科威特的国土，由此拉开了一场持续半年之久的海湾战争。40多万美国及盟国军队聚集海湾，美国导弹和飞机对伊拉克的重要机场、武器库、战略设施狂轰滥炸，使伊拉克遭受了巨大的损失。那么，美国为什么能准确地掌握伊拉克的军事机密呢？这就是侦察卫星的功劳。

侦察卫星利用光电遥感器或无线电接收机，搜集到地面的目标辐射、反射或发射出的电磁波信息，将信息用胶卷或磁带记录下来后存贮在卫星返回

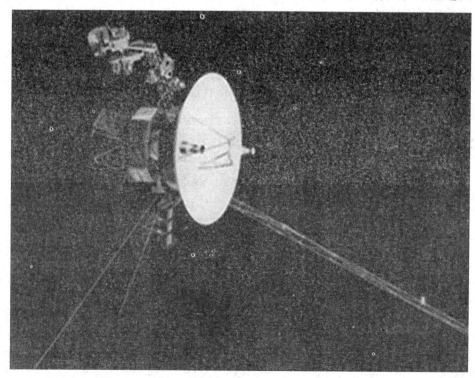

侦察卫星

舱里，待卫星返回时地面回收。或者通过无线电传输的方法，随时或在某个适当的时候传输给地面接收站，经光学、电子计算机处理后使用。

根据执行任务和侦察设备的不同，侦察卫星可分为照相侦察卫星、电子侦察卫星、海洋监视卫星和预警卫星。在预警卫星还未出现时，人们用巨型雷达探测，由于地球曲面的阻挡，只有当导弹爬高到 250 千米高空时，雷达才能"看"到目标，且预警时间只有 15 分钟，常常由于来不及准备而被动挨打。预警卫星可以把预警时间提高到 30 分钟。海湾战争中，美国的爱国者导弹拦击伊拉克的飞毛腿导弹，预警卫星起了极大的作用。预警卫星运行在地球静止轨道，并由几颗卫星组成一个预警网。

海湾战争中，至少有 32 颗为多国部队服务的军事卫星，其中不少是侦察卫星。"锁眼 11"侦察卫星是美国最新型的数字成像无线电传输卫星，它不用胶卷而是用电荷耦合器件摄像机拍摄地面场景图像，然后把图像传送给地面。地面收看的效果犹如看电视片。它的地面分辨率为 1.5 米 ~ 3 米，最早发现伊拉克军队向科威特推进行动的这是它。

还有一种更先进的"锁眼 12"（KH - 12）侦察卫星，它的地面分辨率高达 0.1 米，完全可以对沙漠中伊军的坦克、帐篷和人员进行清点。这种卫星具有一种"斜视"功能，即当卫星不能直接飞越海湾地区上空时，也能通过改变其光学系统的指向来摄取旁边地域的图像。

侦察卫星上的红外设备还可以在夜间拍照。"长曲棍球"号侦察卫星是一种雷达成像型卫星。海湾地区地表沙漠多，最适合雷达全天候监视。与可见光照相侦察卫星不同，雷达成像卫星不受光照条件限制，可以昼夜工作，不间断地提供地面目标图像。这些卫星传回了大量数据，在处理、分析这些情报的美国图像照片判读中心里堆积如山，使处理人员每天要进行长达 18 小时以上的工作。经过处理的信息输入美国海、空军的导弹制导系统中，其结果是伊拉克一个个精心伪装的战略重地大多遭受了多国部队的轰炸。

2001 年 10 月，为了打击阿富汗塔利班，美国又发射了一颗"锁眼 – 11"侦察卫星，对塔利班的行动进行监视。

资源卫星

勘测和研究地球自然资源的卫星被称之为"资源卫星"。它能"看透"地层，发现人们肉眼看不到的地下宝藏、历史古迹、地层结构，能普查农作物、森林、海洋、空气等资源。能考察和预报各种严重的自然灾害能预报和鉴别农作物的收成。

资源卫星可分为陆地资源卫星和海洋资源卫星。资源卫星一般采用太阳同步轨道运行，这能使卫星的轨道面每天顺地球自转的方向转动1°，与地球绕太阳公转每天约1°的距离基本相等。这样既可以使卫星能对地球的任何地点进行观测，又能使卫星在每天的同一时刻飞临某个地区，实现定时勘测。

美国于1972年7月23日发射的名为"陆地卫星1号"的卫星，是世界上第一颗陆地资源卫星。它采用近圆形太阳同步轨道，卫星距地球920千米高，每天绕地球14圈。卫星上的摄像设备不断地拍下地球的情况，它拍的每幅图像可覆盖地面近20000平方千米，是航空摄影的140倍。世界上的第一颗海洋资源卫星也是美国发射的是于1978年6月发射的，名叫"海洋卫星1号"。它装有各种遥测设备，可在各种天气里观察海水特征，测绘航线，寻找鱼群，测量海浪、海风等。美国用这颗卫星拍摄的图片，绘制了世界三大洋的海底地形图，为人类发展海运、开发海洋提供了资料。颇为遗憾的是，它只工作了105天，就因电源系统短路而失去了作用。

通信卫星

作为无线电通信中继站的卫星就是通信卫星。它像一个国际信使，把来自地面的各种"信件"带到天上，然后再"投递"到另一个地方的用户手里。由于它在距离地球地面36000千米高的高空，所以它的"投递"覆盖面特别大，仅用3颗卫星就可实现地球表面全部通信。

"烽火连三月，家书抵万金。"中国古代劳动人民就有过对快速通信的殷切期望，但是那时人们只能靠驿马、驿车。20世纪实现了无线电通信，使人类的通信手段有了极大的改变。我们知道无线电通信是靠电波传送信号的，电波分长波（波长20000米~3000米）、中波（波长3000米~200米）、短波（波长200米~10米）、超短波（波长10米~1米）和微波（波长1米以下）等波段，而后两者具有传输信息容量大、信号稳定可靠等优点。但超短波和微波传输只能直线传播，因此人们只好每隔50千米为它们建造一个中继通信站，使它们像跑接力赛一样一棒一棒地跑下去，把电波传送到遥远的地方。这种接力通信的方式在许多情况下是不可行的，如果把北京的电视节目传到美国纽约，不知要建造多少个中继通信站（每站必设收信机、发信机和天线铁塔），而且中继站根本无法建立在崇山峻岭和汪洋大海中。于是人们想到了在天上挂一个"驿站"，利用超短波、微波直线传输的特性，把信号发给天上的卫星，再由卫星接收后转发到地面的另一个地方。

通信卫星一般采用地球静止轨道，这条轨道位于地球赤道上空35786千米处。卫星在这条轨道上以每秒3075千米的速度自西向东绕地球转动，绕地球一周的时间为23小时56分4秒，恰与地球自转一周的时间相等。因此从地面上看卫星像挂在天上一动不动，这就使地面接收站的工作方便多了。接收站的天线可以固定对准卫星，昼夜不间断地进行通信，不必像跟踪那些移动不定的卫星一样而四处"晃动"了。若想实现除南北极之外的全球通信，侧只需要在地球静止轨道上均向地球放置三颗通信卫星即可。现在，通信卫星已承担了全部洲际通信业务和电视传输。当你和远隔重洋的亲人通电话、通电报时，当你从电视上观看世界新闻、体育比赛时，当你收听广播时，你也许没有意识到通信卫星正在为你效劳。

通信卫星是世界上应用最早、最广泛的卫星之一，许多国家都发射了通信卫星。最先发射成功通信卫星的国家是美国，1965年4月6日美国发射了第一颗实用静止轨道通信卫星——国际通信卫星1号。到目前为止，这种卫星已发展到第八代，一代比一代体积大、重量重、技术先进、通信能力强、寿命长。其中第五代国际通信卫星5号是当今容量大、技术先进的、比较常用的国际通信卫星。

前苏联的通信卫星系列称之为"闪电号"，包括闪电1、2、3号三种型号。闪电号卫星大多数不在静止轨道上，而在一条偏心率很大的椭圆轨道上，这是基于前苏联国土广阔的需要。

卫星电视网

通信卫星使全世界信息传播方式发生了革命性变化，因而可以说通信卫星是为人类社会带来最大利益的卫星。卫星电视网即是通信卫星的重要应用之一。

卫星电视网即电视卫星系统，它用于转发声音信号和电视图像信号。通常卫星电视网包括轨道和地面两大组成部分。通信卫星或专用电视卫星是在轨部分，它除了包括一般卫星的基本分系统之外，转发器、通信天线和遥控遥测系统是其最重要的有效载荷。转发器实际上是一个宽频带收发信机，相当于一个传话筒，其任务是接收地面站发射的电视信号（称"上行信号"），并经放大、变频后再发回地面（称"下行信号"）。由于上行信号很弱，转发器通常要将很弱的上行信号放大 20000 倍以上，以易于地面接收。电视卫星系统的地面分系统包括上行站、测控站，以及大量的接收点。上行站的任务是把广播电视中心送来的广播电视信号经调制和放大后发射给卫星，并接收和监测卫星转发下采的信号和测试卫星转发器的通道。上行站除主站外，还设有移动型或车载型上行站，以供外出采访就地转播之用。测控站的任务是对卫星进行跟踪、测轨、遥测及遥控。电视卫星位于 35860 千米高的静止轨道上，但要实现全球直播，仅有一颗卫星是不够的，通常需要两到三颗卫星接力式地传送电视信号。

在了解这些基本系统后，我们就可以通过实例来介绍卫星电视网是如何进行全球电视节目直播的。在 1996 年亚特兰大奥运会比赛期间，在当地电视中心首先将比赛的实况进行录制、编辑，并转成视频信号送往主上行站（卫星地面站），上行站将这些信号调制到微波载波上，放大后再经天线发

卫星

往位于大西洋上空的通信卫星。这颗卫星上的转发器将信号转送到位于印度洋上空的通信卫星上，再经该卫星转发器放大和变频后，输送到北京的卫星地面站。地面站接收卫星的信号并将其放大、解调，还原成视频信号，送至中央电视台，通过发射塔播放出来。这样，我国的观众可以坐在家里观看奥运会现场比赛的实况了。由于洲际比赛距离遥远，我国通常都要在比赛时间里租用外国的一颗到几颗通信卫星上的转发器。

当今信息时代要求信息的传送更加迅速。因此，不仅轨道上的卫星必须形成一个网络，地面上的发射、接收站点也要形成一个庞大的系统。对于体育比赛、重大政治活动甚至突发事件如战争、自然灾难等，往往通过移动式或车载式转播系统将事件发生的现场情况录制、转换、放大、调制，直接发送到通信卫星上，经一颗或几颗卫星接力式地接收、放大，最后发回地面站，再由地面站送到电视中心，最后经放大、解调、还原后发射出去，或经有线电视系统送到千家万户。

从 20 世纪 60 年代直到今天，这种卫星电视直播模式仍是最通行的方法。它虽然实现了远距离电视直播，但其缺点也有很多。对于地广人稀、远离电视发射台的广大观众，他们或者收到的信号很差，或者根本就收不到电视信号。移动电视用户也难以接收电视信息服务。另外，通过地面卫星广播电视中心转播的方式会造成可上卫星的电视频道数较少、信号经多次转发失真较大等严重的缺点。为了扩大卫星电视覆盖面甚至达到全国覆盖，大大增加卫星电视频道数，并朝高清晰度电视方向发展，一个可行的解决方案是发展电视直播卫星。用户无须经过地面的接收和发送台站，而卫星发回的电视信号直接接收。

大功率（几百瓦量级）转发器技术的进步以及 VSAT 技术的成熟，使电视直播卫星投入使用成为可能。电视直播卫星直接把电视信号送到用户的接收机上，无须经过地面台站的转发，这对于提高接收质量、方便移动用户和边远地区用户都十分有利。1974 年美国发射成功具有大面积天线的 "ATS－6" 通信卫星，首次实现了直接电视广播和双向视频通信。20 世纪 80 年代中期以后，欧洲和日本也开始发展电视直播卫星和建立直播卫星电视系统。美国还成立了直播卫星公司，同有线电视公司展开竞争。美国直播电视公司和全美卫星广播公司已累计播送了 175 个频道的电视节目。用户若想收看卫星发送的新闻、体育、娱乐和信息服务节目只需要使用 45 厘米的天线和小型电子接收装置就可以实现了。这是卫星电视直播的一次重大飞跃。

返回式卫星

某些卫星在完成任务后是需要返回地面的，如卫星拍摄的地面胶卷、随卫星上天的动物和植物种子等、太空中完成实验的材料。我们将这种需平安返回地面的卫星称为返回式卫星。卫星的返回，表示了将航天任务圆满完成了，它体现了一个国家的航天技术达到了相当的水平。

卫星返回是一个减速的过程这与卫星上天是相反的。为了可靠地回收，通常把需要返回的物品和在返回过程中需要工作的设备，集中在一个舱体里，这个舱被称为返回舱而无需返回的部分则在返回过程中提前抛掉，让其在大气中烧毁。

为了确保返回舱从太空轨道上安全返回地面，必须突破以下五大难关。一是调整姿态关，先要把卫星从其在运行轨道的姿态准确地调整为返回姿态，并保持其稳定；二是制动关，按时点燃制动（反推）火箭，使卫星脱离原来的运行轨道，让返回舱进入预定的返回轨道；三是防热关，卫星在进入地球大气后，卫星与空气的剧烈摩擦使卫星表面温度高达1000℃以上，因此不仅要保证返回舱在高温下不被烧毁，还要让舱内温度保持在仪器能工作的最高温度以下；四是软着陆关，利用降落伞和回收系统，使返回舱在大气层较低高度范围内用很低的速度（约10米/秒）着陆，以保证回收物品的完好无损；五是标位及寻找关，要及早准确地预报和测量出返回舱的落点位置，使回收区的工作人员尽快发现返回舱，以便回收作业的尽快开展。

卫星返回技术是人类征服宇宙的一项重要技术，难度很大。拥有卫星发射技术，并不等于拥有卫星返回技术。我国于1975年首次发射返回式卫星，迄今为止已成功发射17颗，按计划平安返回地面16颗，是继美国和前苏联之后，第三个掌握这门技术的国家，日本和法国也只是这些年才步入卫星返回技术领域。

气象卫星

1960 年，美国发射了第一颗气象卫星。迄今为止，现在已有近 180 颗气象卫星"兄弟"在茫茫的太空中遨游。

气象卫星在太空对地球大气进行观测时，各种仪器都能体现出地面上的各种状况和各种气象变化，并拍成云图。我们每天从中央电视台天气预报节目中看到的卫星云图，就是由气象卫星拍摄的。

气象卫星的优点有很多，其中最为突出的是：观测的地域广阔、观测的时间长久和观测的数据汇集迅速等。如气象卫星拍摄一幅卫星图片，所覆盖的面积比我国国土还大 10 倍之多；气象卫星飞绕地球一圈所收集的气象资料，比地面上的上万个气象台站一昼夜收集的资料还多 100 倍。

气象卫星拍摄的卫星云图，使气象预报员早在台风刚刚形成、远在千里之外时，就对其外貌特征有了清楚的了解，它的中心位置和强度也能确定出来，同时追踪它的移动路径和方向，也可以告诉人们，提前作好准备，免遭台风之害。自从气象卫星上天以后，所发生过的台风没有一个能过它的"慧眼"，实在是神通广大。

由于气象卫星为人类了解天气变化、预报气象而巡逻在太空，因此它被人类称为"空中千里眼"。

地球观测卫星

由于地球上发生的各种变化直接影响着我们的生存，因此，相对于探索宇宙的奥秘，我们更应该了解地球。所以世界各国发射的航天器中，许多是专门用于监视地球环境的，这就是地球观测卫星。

气象卫星是最常见的地球观测卫星。它们通过可见光、红外线等不同的传感器，密切注视大气层的风云变幻，为气象工作者提供天气预报所需的各种信息依据。

海洋面积占地球表面的 7/10，海洋卫星专门观测海流动向、海温变化和海冰情况，还能帮助渔民寻找鱼群。

资源卫星用多光谱仪器（包括雷达）对广阔的大地进行勘探，不仅能查明地下矿藏，还能找到撒哈拉沙漠下面的古河道和古代玛雅人建造的水渠网。

由于地球上污染严重，如今又有一批专门监视环境变化的卫星上天。例如，有几颗卫星的主要任务是调查氯氟烃对臭氧层的破坏程度。

当然，军事侦察卫星也属于地球观测卫星。

地球观测卫星承担了许多事关国计民生的重任。它们还负责监视庄稼病虫害、估算世界范围的粮食产量、侦查森林火灾，甚至能为警方找到犯罪集团偷偷种植的罂粟等毒品植物。

紫外天文卫星

1946 年 10 月，随着美国发射的一枚高空火箭，人类首次获得了太阳紫外光谱。自此之后，世界上有不少国家利用高空火箭，对来自天空的紫外线进行探索。50 年代末，火箭记录到天空背景的紫外光谱。70 年代是紫外空间观测进展最快的 10 年，从"轨道天文台"3 号，"荷兰天文卫星"到技术先进的"国际紫外探测器"接连上天，获得了大量紫外信息。

那么，为什么要发射这些紫外天文卫星呢？其原因有以下两点：由于地球大气层像过滤器一样，差不多全部吸收掉来自宇宙的 3000 埃以下的致命的紫外辐射，除对于波长在 2000 埃～3000 埃的紫外线，尚可用能达到 50 千米高的高空气球进行观测外，其他短波紫外必须利用人造卫星这是其一。其二是因为宇宙天体发出的大量信息都在紫外波段，天文学的很多理论工作必须得到紫外观测的验证。例如"荷兰天文卫星"进行了紫外光谱多普勒频移的观测分析，通过比较不同距离处类星体的频谱，对在几百年中宇宙膨胀速度有无变化进行验证。除此之外，太阳紫外线对人造卫星的寿命以及对宇航员的身体都有严重影响，只有了解它，才能掌握它，进而不受它的影响。

雷达卫星

1991 年初，海湾战争爆发，战场上空常是阴云密布，有时还会下雨，这给空中侦察带来了不小的麻烦。可是美国有一颗名叫"曲棍球杆"的雷达侦察卫星，却能不分昼夜地透过云雾看清地面 1 立方米大小的物体。它在海湾上空绘制了数千幅雷达图像。"曲棍球杆"卫星和别的侦察卫星合作，还发现并跟踪了伊拉克"飞毛腿"导弹发射架的夜间转移，甚至能将伪装的假目标识破。

雷达卫星的"眼睛"是合成孔径雷达，与望远镜一样，雷达天线直径越大，目标看得越清楚。但卫星上不能安装大型天线，所以科学家让星载雷达准确而重复地发出和接收脉冲波，使小型天线在行进中好像变成了一个直径很大的天线，大大提高了分辨率。

雷达卫星也能用于和平目的，例如探矿和减灾。安装有雷达的海洋卫星可以遥感出清晰的海浪形状和运动方向，还能监视海冰漂移，为船舶和港口提供灾害警报。在洪涝时期，雷达卫星可以透过云层"看清"江河堤岸和水域，及时预报洪峰动向和水位变化。雷达波对草木、土壤具有一定的穿透性，可以测量土壤湿度，预报旱情。

现在，星载合成孔径雷达已经在地球以外大显神通。金星终年被浓密云层所笼罩，显得很是神秘，载有雷达的飞船却能揭开它的"面纱"，绘制出十分精确的金星地形图。

气球卫星

　　气球在我们看来，只是节日中用来点缀欢乐气氛的玩具，可是科学家却把气球型卫星送上了太空。气球卫星具有很简单的结构，就是用非常薄的聚酯薄膜制成的一个大球囊，表面还镀了一层闪闪发亮的金属膜。当气球卫星发射升空时，球囊折叠成一个小包，入轨后，在充气剂的作用下使它膨胀成大圆球。气球卫星上没有装备复杂的电子仪器，研制比较容易，造价低，而且能在发射其他卫星时搭载上天。

　　1960 年，美国发射了"回声 1 号"气球卫星，这个直径 30 米的庞然大物，却只有 60 千克重。它像一面镜子，能把地面向它发送的无线电波反射到其他地区，从而实现了最早的卫星通信。1964 年，又发射了更大的"回声 2 号"气球卫星，直径达 41 米。这两颗卫星是当时最明亮的人造天体，它们还承担了测量近地空间大气密度的任务。在卫星轨道的高度上，存在着十分稀薄的空气，对于体积庞大、质量极小的气球卫星，能产生一定的阻力，使它们的运行高度渐渐降低，直至最后陨落。跟踪和测量气球卫星的轨道变化，就能知道大气密度分布情况。

　　我国于 1981 年和 1990 年先后发射过 3 颗气球卫星，都是为了考察高空大气的。

太阳同步卫星

庞大的卫星家族群星灿烂，神通各异。对于气象地球资源、照相侦察一类卫星，要说谁呢？那是非"太阳同步卫星"莫属了。

通常的卫星经过同一纬度的时刻是不同的，这给需要在固定时刻进行观测和应用带来不便。而"太阳同步卫星"则能保证以相同方向、相同的当地时间经过某一纬度的上空。通过选择恰当的发射时间，可使卫星经过某些特定的观测区上空时始终有较好的光照条件。这对获得清晰的摄影效果，使太阳能电池电力十是，都是必不可少的。

"太阳同步卫星"为何如此神通呢？这是由它特殊的轨道条件决定的。这种卫星的发射，必须使其轨道平面旋转的方向与地球公转方向相同，转速也相同（即360°/年或0.9856°/天）。它的倾角必须大于90°，形成一条逆行轨道，高度在几百千米到6000千米之间。对于倾角稍大于90°的轨道，已接近"极地轨道"，它可以俯瞰包括两极在内的整个地球，可谓明察秋毫。大气阻力将影响卫星的同步性能，这可通过卫星上的动力装置使其保持同步。

美国的"艾萨号"气象卫星，"锁眼号"照相侦察卫星，"陆地""海洋"等资源卫星都属"太阳同步卫星"。近年间，我国发射了"资源1号"太阳同步极地卫星，标志着我国也进入了发射此类高档卫星的行列。

观测红外辐射的红外天文卫星

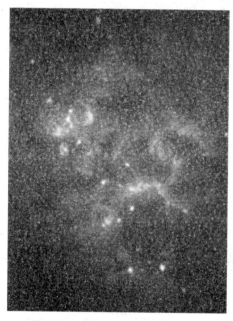

日本首颗红外天文卫星"astro－f"拍摄的太空照片

用来观测红外辐射天体的天文卫星就是红外天文卫星。它的任务就是用红外望远镜对宇宙空间的红外辐射源，包括太阳系天体、恒星、电离氢区、分子云、行星状星云、类星体及星系进行普查，并在普查的基础上绘制红外天体图和专门观测定的天区和红外辐射源。

红外天文卫星一般选用近圆形太阳同步轨道，卫星上主要的专用观测仪器是大型红外望远镜。此外还配备有磁带记录器、电子计算机、遥测遥控设备以及向地球发回观测数据的通信天线和传感器。

世界上第一颗红外天文卫星是于1983年1月25日升空，它是由美国、荷兰和英国合作发射的。这颗卫星在空间工作了10个月，获得不少观测结果，例如发现在火星和木星轨道之间有3个都绕太阳旋转的尘埃粒子环，它们很可能是小行星碰撞后形成的碎片；发现5颗新彗星并计算出它们的轨道；发现数十万个以上的新红外辐射源。这些发现大大提高了人们对宇宙的认识，并促进了红外天文学的发展。

用于海上营救的海事卫星

广阔的海洋，一眼望不到边际。在茫茫大海中航行，是十分艰辛的。尽管现代科技可以造出极为先进的海轮，但天有不测风云，仍然会遇到狂风或者突然的其他自然灾害，使得海轮处于危险之中。在这关键时刻，就必须与陆地取得联系。海事卫星就是用于海上和陆地间无线电联络的通信卫星。

海事卫星的通信系统由两部分组成：卫星和地面的卫星测控站属空间部分；岸站和船站属地面部分。岸站是卫星通信的地面中间站。船站就是海上用户站，它的天线始终指向卫星。海上船只可根据实际情况和需求，由船站将信号发射给地球静止卫星轨道上的海事卫星，经它转发给岸站，岸站再通过与之连接的地面通信网络或国际卫星通信网络，实现与世界各地陆上用户的相互通信。

海事卫星除广泛用于电话、电报、电传和数据业务外，还兼有救援和导航业务，同时又能把船只的航向、速度和位置等数据随时传输给岸站，并存贮在岸站控制中心的电子计算机中。因此，船只一旦在海上遇难或船上发生紧急事件，岸站就可以迅速确定船只所在海域的具体位置，并及时对其展开营救。

"袖珍卫星"的设想

通信卫星的体重通常为几十到几百千克，甚至最大的达 2000 千克。出于"大而全"的思维定势，卫星重量的攀比之势有增无减。但是现在却有人反其道而行之，提出研制 1 千克~10 千克、只有垒球般大小的"袖珍卫星"。

微电子和微机械技术的长足进步，可以使卫星量轻个小，这是这一设想的前提。而每颗只需要耗费 1.7 万美元，与其他卫星相比，这是很低廉的，这又是它应运而生的另一个原因。

"袖珍卫星"传递信息的方式得采用"人海战术"：几百颗卫星运行在 400 千米高的圆形极地轨道上，组成 3 条"卫星通讯链路"。其信息传输方式类似于"接力赛"：在同一链路中，信息从一颗卫星传到下一颗卫星直至到达目的地。这样的传输机制速度更快，更符合作战要求。

为使"袖珍卫星"微型化，必须在卫星尺寸和可靠性上实现突破，大致有如下措施：太阳能电的设计定在短期通讯目标上；改金属结构为碳纤维，增强热塑料结构；天线采用全向辐射型，省去了姿态控制系统。这些要求在技术上都是不难满足的。但是人们唯一担心的是：近地轨道上的几百颗小卫星是否会增加大型航天器受到撞击的概率从而导致危险，以及日后是否会留下更多的太空垃圾？

能发电的绳系卫星

伟大的科学家富兰克林在雷雨交加时放风筝引雷电的故事已世人皆知。他冒着生命危险为人类揭示了这样一条真理：雷电与摩擦起电有着共同的本质。如今，航天专家竟将"风筝"放到了300千米高的电离层，这就是1992年8月4日从"阿特兰蒂斯号"航天飞机上发射的绳系卫星——一颗用250米长的"绳"系着的特殊卫星。其奥妙就在系绳上，实验太空发电是其目的。

系绳怎么会发电？

原来它不是一根普通的系绳，而是外裹绝缘层、内芯为铜纤维制成的直径为2.5毫米的电缆。当它在轨道上运行时，就与地磁场组成了一台绝妙的发电机。由于系绳的运行速度高达8000米/秒，比任何发电机的速度都快很多，因此每1000米的系绳就可产生200伏左右的电压。设计中的系绳长达20千米，可产生3.2千伏电压、3安培电流。遗憾的是由于施放时的故障，它只展开了250米，所以只获得40伏电压。尽管如此，这仍是一项留名青史的实验。

改进型波音747"背着""阿特兰蒂斯号"航天飞机回到肯尼迪航天中心

激光测距卫星

上海西南方有个历史悠久的佘山天文台。在晴朗的夜晚，你会发现佘山上常常有一道道细窄的绿光射向天空，这是天文工作者在进行激光卫星测距。

当卫星、飞船在天上运行时，地面上可以借助光学观测或用雷达来测量它们的位置，但这些方法会产生很大的误差，而且操作也比较麻烦。因此，科学家创造了一种高效率的激光测距法，只要向卫星发射一束激光，再用装有高灵敏光电接收器的望远镜记录卫星反射回的激光信号，精确测定激光束从地面到卫星又返回的时间，就能马上将卫星的高度与位置用计算机算出。

由于光的传播速度高达 3×10^8 米/秒，所以卫星激光测距法必须用原子钟计时。目前测量卫星直线距离的精度已达到 1 厘米左右。如果在地球上两个或更多地点经常同时测量一颗卫星，就能确定地壳板块每年 1 厘米甚至更小的位移。同样，在一些断裂带两旁布置一系列激光卫星测量点，便可以监测地层变化，预报地震。

由于从卫星反射回地面的激光信号非常微弱，因此科学家们专门发射了用于激光测距的卫星。它是个不带电子仪器的实心金属球，最着几百个立体反射镜，能把任何方向发射来的激光朝原路反射回去。

返回式遥感卫星的研制

1968年2月，完成中国第一颗返回式遥感卫星方案的论证工作后，返回式遥感卫星的总体研究任务开始转到空间技术研究院，任务正式落到了此时正在主持研制"东方红一号"卫星的孙家栋身上。

从此，孙家栋开始担任起中国第一颗返回式遥感卫星技术总负责人。

20世纪60后代的中国，虽然还没有对返回式不几无分配比例头一，甚至连第一颗卫星还处于研制状态，但对一系列探究火箭的回收技术，科学家们还是有一定的经验的。

早在1959年秋天，一群平均年龄，仅21岁、刚刚走出大学校门的年轻人接受了研制小型探空火箭回收系统的任务。经过一系列的试验，终于多次成功地完成了气象探测、生物试验、电离层探测、高空试验和红外地平仪试验等火箭的回收工作。

探空火箭上的回收技术，为返回式卫星的成功创造了必要条件。

当然，火箭不是卫星，返回式卫星的结构十分复杂，全星由结构系统、温度控制系统、摄影系统、程序控制系统、姿态控制系统、遥控系统、遥测系统、跟踪系统、返回系统、天线系统和供配电系统组成。

简单地说，卫星的返回过程是在预定轨道完成任务后，为了使制动火箭按预定的推力方向工作，卫星首先进行瓷态调整，即将卫星从轨道运行时的头部向前姿态转到底部稍稍向前的姿态。然后，返回舱与仪器舱分离后，用起旋发动机使返回舱绕地轴旋转，以稳定返回舱的姿态。随后，制动火箭点火工作，使返回舱从卫星运行轨道转到一条飞向地面的轨道。

在进入大气层前，消旋发动机开始工作，低度了使返回舱的旋速度减小，以便返回舱再入大气层后能较快地转到头部朝前的姿态。

返回舱在下降到距离地面一定高支得度时，抛掉制动火箭壳体和底部防热罩。最后，装在返回舱的降落系统的4顶降落伞依次打开，返回舱乘着主降落伞以每秒14米的速度安全着陆。

中国返回式卫星的研制虽然起步较早，但其进展却十分缓慢。由于当时各种实际原因，返回式遥感卫星的研制进度和发射计划一拖在拖。

返回式卫星的研制必须要经历四个阶段。首先是方案论证阶段，这在1967

年 9 月已经圆满完成。然后是方案设计阶段、初样研制阶段和正样研制阶段。

970 年，中国的第一颗卫星发射成功后，美国《航空周刊》的老编辑克拉斯即发表评论说：

预计在 10 年内，也许就在 1975 年，将会有新的旅行伙伴加入美苏的秘密侦察卫星行列。

"新的旅行伙伴"，即指返回式卫星。

为使中国第一颗返回式卫星的研制进程大大提高，国防科委建议将这一工程作为重点工程。

周恩来总理批准了这一建议，并指示在北京地区组织大会战，由此全面展开了各系统的研制和发射准备工作。

返回式遥感卫星的正检星从 1973 年 4 月开始，进行了为期 8 个月的噪声、分离冲击、热真空和整星振动试验，获得了大量的试验数据。

孙家栋组织研制人员，针对暴露出来的问题又制定了若干改进措施。

返回式遥感卫星是一种用于国土普查的遥感卫星，并被广泛应用于大地测量、资源普查、资源勘探、交通建设、城市规划等很多领域。因此，尽快将返回式遥感卫星发射上天投入使用，必将在我国国民经济建设中发挥重要的作用。

观测能力较强，是反回式遥感卫星最主要的作用，其最主要的技术指标是对地观测的分辨率。

卫星的观测能力表现在卫星飞行时间和卫星所携带的胶片数量比较容易。卫星上所使用的电源是锌银蓄电池组，卫星飞行的时间完全取决于锌银蓄电池组的容量。

卫星在空中飞行拍摄，受地球天气的影响比较严重，云量天气的影响大约占 40% 至 60%，如果能够增加飞行时间，不仅可以增加拍摄区域，而且在观测区域的安排上可以根据气象情况进行拍摄调整，可以充分地提高胶片的利用率。卫星所携带的胶片量是对地观测能力的重要因素，但胶片量的增加不仅涉及火箭的运载能力，也涉及星载遥感相机和卫星返回舱的综合布局。

当时，除了要完成卫星本身的研制外，在研制中还要与星上有效载荷的研制同步进行。

星上相关技术的攻克情况，比如全景扫描相机光学设备、胶片的厚薄及质量水平等，所出现的问题会直接涉及到卫星方案，常常会牵一发而动全局。如此不仅大的方案，就是很多具体细节都需要孙家栋随时进行全面考虑，综合协调。

第一颗返回式遥感卫星的形状为羽毛球状的钝头截锥体，最大直径为 2200 毫米，总长度 3144 毫米，头部半锥角为 10 度。由仪器舱和返回舱两个舱段组成。卫星由有效载荷、结构、电源、控制、热控、遥控、程控、遥测、跟踪、天线、返回，共 11 个系统组成。一环扣一环，各个系统紧密结合恰似巧夺天工般的杰作。

孙家栋组织总体部门将任务分配到各个系统，由各个系统按照总体技术、总体识体质量指标开始研制。

有效载荷为胶片型可见光遥感相机，卫星完成全部摄影任务后，由返回舱脱离空中运行轨道带着胶片舱返回地面。

结构系统主要是由仪器舱和返回舱两个舱段构成。仪器舱具有良好的密闭性，以满足遥感相机在太空工作的压力环境。仪器舱壳体为铝合金金属结构，舱内主要的安全安装的是遥感相机和在轨道上工作的仪器。回收舱内衬为铝合金，外部为耐高温的抗烧蚀材料。

电源系统包括锌银蓄电池组、电源变换器、配电器及其电缆等设备。其功能是为卫星上的设备供、配电，以便星上的设备可以正常工作。

控制系统包括姿态控制和轨道维持这两部分功能。姿态控制是对地定向三轴稳定系统，以满足有效载荷对地摄影的姿态要求，用陀螺和红外线地球敏感器作为姿态测量部件，用冷气喷气系统作为执行机构来完成控制功能，运行及返回前的姿态基准能够正确地完成。

热控系统的功能是通过保温与散热等不同措施，以保证卫星上设备所要求的环境温度。

程控系统的主要功能是产生程序控制指令，控制遥感相机和其他设备的定期开、关机。

遥控系统的功能是接收地面发送的指令信息，接收机收到指令后，将指令向星上其他设备发出，控制星上设备的开关机以及状态变化。

遥测系统的功能是采集星上的数据，经过编码、调制后，由无线电射频传输到地面站，经对面站接收、解调和处理后得到所需要的卫星工程数据。

跟踪系统的功能是利用星上双频测速和雷达测距设备，由地面和星上设备相互配合测出卫星到地面站的方位和距离，经计算后就可以得出卫星的轨道数据，完成地面跟踪和轨道测量。

天线系统是为完成遥控、遥测、跟踪、回收标位等设备无线电信号发送和接收所配套的设备。

返回系统是当卫星的在轨遥感摄影和科学试验任务完成后，由姿态控制系统调整好卫星姿态，保证返回舱与仪器舱分离后，执行卫星的回收程序，发出制动发动机点火、无线设备开机、降落伞开伞等一系列指令，使返回舱安全着陆。

在孙家栋的主持下，中国的第一颗返回式遥感卫星的研制工作终于即将完成了，研制人员期待着它早日通过测试，飞上蓝天。

北斗导航系统

2000 年 12 月 21 日 0 时 20 分，我国自主研制的第二颗"北斗导航试验卫星"，在西昌卫星发射中心用"长征三号甲"火箭发射升空，并成功地进入预定轨道。

由此宣告了 20 世纪中国航天最后一次发射的圆满成功，中国航天人以全年五战五捷的优异成绩，向 20 世纪告别。

这颗新星将与同年 10 月 31 日发射的第一颗"北斗导航试验卫星"一起，构成"北斗导航系统"，这标志着我国将拥有自主研制的第一代卫星导航定位系统。

2001 年底，中国北斗卫星导航系统将开通运行，并为中国经济发展服务。世界上只有少数几个国家能够自主研制生产卫星导航系统。

我国自主建立的第一代卫星导航定位系统"北斗导航系统"服务范围包括中国大陆及东南海域所有地域，属于区域性系统，可以满足国内卫星导航需求。

这个系统是全天候、全天时提供卫星导航信息的区域导航系统，建成后将主要用于监控救援、信息采集、导航通讯、精确授时，主要应用于西部和跨省区运营车辆、沿海和内河船舶、水利、石油、气象、海洋和森林防火、通信、铁路和交通、电力、公安保卫、边防巡逻、海岸缉私和交通管理等范围。

"北斗一号"导航系统有广泛的应用，用在交通管理上，可以使始点和终点的管理者都能很清楚地了解交通工具的行驶情况，用在农业上可以用农用导航系统进行位置准确的灌溉，用在一些交通不发达地区，如西藏，进藏车队就算遇上大雪封山，通过卫星导航系统，后方也可以将准确的位置判断出来。

利用若干颗导航定位卫星组成卫星导航系统，将传统天文导航定位和地面无线电导航定位的优点综合起来，相当于一个设置在太空的无线电导航台。它可以在任何时间、任何地点，为用户确定其所在的地理经纬度和海拔高度。

"北斗导航试验卫星"和"长征三号甲"运载火箭，是由航天科技集团所属空间技术研究院和运载火箭技术研究院研制的。这次发射是我国长征系列运载火箭第六十四次飞行，也是自 1996 年 10 月以来，我国航天发射连续第二十二次获得成功。

2003 年 5 月 24 日 21 时，西昌卫星发射中心依然是暴雨如注。此时离预定的"长三甲"发射窗口只剩下 3 个小时。

在强烈的灯光照射下，"长征三号甲"运载火箭矗立于塔架上，白色的箭体在黑色的山峦和雨夜中分外明显。雨越来越大，天空电闪雷鸣，相比之下，火箭冲天，默默无声。

雷雨天气对发射火箭是十分不利的，特别是雷电，更是主要的影响因素。毫不夸张地说，加注了燃料的火箭，在雷雨中无异于一颗巨大的炸弹。

此时，就在塔架不远处一间并不太大的屋子里，张庆伟总经理、马兴瑞副总经理等十几位领导、专家围坐在气象云图前，同商对策。

分析员紧盯屏幕，不断调出最新的图像，对云层的变化趋势作出分析。经过分析，气象人员说："零点之后雨可能还下，但雷电会消失。"

听到这个消息，领导纷纷察看云图，所有人都焦急万分地等待着验证这个结论。

果然不出所料，不到 23 点，雷电真的消失了，雨也渐渐小了。

似乎一切正在向着好的方向发展，但事情往往出人意料。这时，一线传来发现异常情况的报告。听到这个情况，领导们急忙冒雨来到现场，查看情况。只见在高高的塔架上，许多一线人员开始查找原因。火箭发，还是不发？在场的领导和专家们都明白，此时此刻只有依靠科学。

专家们开始了周密的分析，他们在考虑一个问题，当时的异常情况是否会影响发射。经历过多次航天发射的航天专家开始集中思考电路问题。零点将至，周密考虑之后，张庆伟总经理等领导在听取专家汇报后，迅速作出可以发射的结论。

发射前的两次警报先后响起，人员快速疏散了，指令声回荡在寂静的发射场中。

夜深了，卫星发射的各项准备工作按照预定的发射流程有序地进行。

"……5、4、3、2、1，点火！"

顷刻间，地动山摇，近 300 吨重的"长三甲"火箭喷射出熊熊烈焰拔地而起，犹如利箭离弦。

在强烈的灯光照射下，箭体上"中国航天"四个蓝色大字分外夺目。火箭越飞越高，在湛蓝的夜空里，留下了一道绚丽的轨迹。每个航天人脸上都洋溢着喜悦。

按预定发射计划，"长三甲"火箭托举着"北斗一号"进入太空。20 分钟后，由西安卫星测控中心实时传回的监测数据表明，星箭分离，卫星准确地进入了预定轨道，发射取得了圆满的成功。

顿时，西昌卫星发射基地指挥大厅欢呼声一片。有的人做出了示意胜利的"V"手势，有的人摇动着象征力量的双拳，还有人兴奋地相拥在一起。

几乎每个人眼里都噙着激动的泪花，挥不去的笑容挂在他们的脸庞上。

与此同时，在北京的北郊，中国运载火箭技术研究院监测大厅里是座无虚席。从千里之外的发射基地传回的每一条信息都牵动着所有人的心，每个人都目不转睛地盯着大屏幕所显示出的流动数字。

成功了！

顷刻，整个监测大厅沸腾了，欢笑声、掌声此起彼伏……

时任中央军委委员、总装备部部长李继耐，总装备部政委迟万春、副部长胡世祥时任，国防科工委主任张云川、副主任栾恩杰以及航天科技集团公司总经理张庆伟、副总经理马兴瑞等领导，亲自来到卫星发射中心指导并观看了发射的全过程。

发射取得成圆满成功这一消息宣布后，中央有关部门发来贺电，对第三颗"北斗一号"卫星发射成功表示热烈的祝贺。

此时全国人民抗击"非典"取得阶段性胜利，中国航天人用辛勤劳动为祖国的星海再添"北斗"。闪亮的星星在苍穹中闪烁，镌刻着中心所有参试人员的心声，只要无所畏惧，万众一心，胜利永远属于中国人民。

"长征三号甲"运载火箭和"北斗一号"导航定位卫星，分别由中国航天科技集团公司所属中国运载火箭技术研究院和中国空间技术研究院研制。在发射前的测试中，火箭、卫星的性能均已达到了历史较高水平。

这次发射是中国航天科技集团公司拥有自主知识产权的长征系列运载火箭第70次飞行，也是自1996年10月以来长征系列运载火箭发射连续28次获得成功。同时长征火箭的发射成功率达到了90%，进入国际一流运载火箭的行列。

按照国际通行的计算标准，运载火箭发射成功率在90%以上，就可以认为进入国际一流水平。据有关资料统计，俄罗斯的"质子号"火箭发射成功率约为90%，欧空局的"阿里亚娜"火箭发射成功率约为93%，美国的"德尔它"运载火箭发射成功率约为94%。

本次发射的突出特点是流程缩短、人员精简，但工作进展的顺利程度却超过了以往型号。这次发射首次对运载火箭采用了新的测试流程，将技术中心的测试工作前移至火箭出厂前，使火箭在发射场的准备周期极大地缩减了，使我国的火箭测发周期逐步向世界先进水平靠拢。

李祖洪总指挥认为，流程规范化在其中起了重要作用。事实证明，只要在技术上严格要求，不反复、不重复，工作完全可以按照节点一步步排下来。

这次发射，他们提出了"四查双想"，即"查地面测试设备完好性，查设计复核复算，查技术状态变化，查测试覆盖性和数据判读比对"及"工作回想、故障预想"，有力地保证了产品的质量。

在这次发射前，发射队一级共开了 28 次评审会，加上分队召开的 23 次评审会，总共超过了 50 次，几乎每天一评审。在发射队里，最有权威的是工作目标、文件和表格，这些严格的制度如同坚实的基础奠定了型号的成功。这对今后航天发射缩短流程与国际接轨，将是个很好的经验。

其实，在此一年前，"长三甲"火箭研制队伍就形如尝试开展出厂测试替代发射场技术中心测试的工作。在出厂测试中开展了两轮共 16 次总检查，将发现的问题和改进的方法记录下来，固化成文件，为发射场的工作提供了参考资料。这就意味着火箭到发射场后，在技术中心的水平测试全部取消，测发流程大大地缩短了。简化的测发流程为实施高密度发射奠定了基础。

这次发射，"长三甲"火箭的技术状态经历了如此之大的变化，但测发流程依然保持简化，在管理上注重科学务实。为了促使新队员尽快进入角色，型号"两总"开展了填写统计表和"双想"—复查、"发射前 80 分钟程序"质量培训等工作。

通过这些工作，准确地掌握了新队员的情况，为新老队员互相交流创造了有利条件，同时更是一种实战演习，使火箭发射中心的工作做到了有序、高效。这份以不变应万变的从容来自充分的可靠性设计。

"北斗一号"第三星的准确入轨，标志着我国已成功建立了自主完善的卫星导航系统，即第一代北斗卫星导航定位系统已成功建立。

此次发射的第三颗"北斗一号"导航定位卫星是备份卫星，它与前两颗"北斗一号"工作星组成了完整的卫星导航定位系统，确保全天候、全天时地提供卫星导航信息。

前两颗"北斗一号"卫星分别于 2000 年 10 月 31 日和 12 月 21 日发射升空，一颗定位于东经 140 度的新几内亚岛上空，处于整个星座的最东面，一颗定位于东经 80 度的印度洋上空，处于整个星座的最西面，这两颗静止的卫星就构成了中国自主卫星导航的"北斗一号"定位系统。

北斗系统的建立为我国公路铁路运输和海上作业提供了大量的导航服务，系统工作一直很稳定，状态良好。

2003 年 12 月 15 日，"北斗一号"正式开通运行，中国从而成为继美国GPS、俄罗斯格洛纳斯之后第三个拥有自主知识产权的卫星导航定位系统的国家。

导航定位很早就成为人类社会中必不可少的一项技术。从当时的技术水平和当时可以预见的未来来看，卫星导航技术是一种比较理想的导航工具，其实质是把无线电导航台搬到太空上去，因而能克服地面无线电导航台的先天不足，不受气象条件、航行距离的限制，而且也具有较高的导航精度。

1958 年美国海军开始研制名叫"子午仪"的多普勒卫星导航系统，它又被称为"海军卫星导航系统"。为 1960 年 4 月 13 日成功发射了世界第一颗卫星导航卫星"子午仪 - IB"，开创了人类导航技术的先河。

其实，卫星可以导航是人类在一次偶然事件中发现的。1957 年，美国两位科学家在跟踪苏联的第一颗卫星时无意中发现，卫星在飞近地面接收机时收到的无线电频率逐渐增高，飞远时则逐渐降低。科学家对这种现象认真研究后产生灵感。由此，一种先进的导航技术卫星导航悄然兴起。

"子午仪"导航卫星星座由轨道面均匀分开的 4 到 5 颗"子午仪"卫星组成，可使全球任何地方的导航用户在平均每隔 1. 5 小时左右利用卫星定位一次。为核潜艇和各类海面舰船等提供高精度断续的二维定位，海上石油勘探和海洋调查定位、陆地用户定位和大地测量等是其主要功能。从 1960 年 4 月到 20 世纪 80 年代初，美国共发射"子午仪"30 多颗。

"子午仪"卫星也存在一些先天不足，例如，不能连续实时导航，只能提供经度和纬度二维坐标，飞机的高度和速度的信息无法给出，用户须等卫星飞经头顶时才能定位，且每次定位需十几分钟，因而对高速移动物体测量误差较大等。

自"子午仪"后，美国又开始研制采用时间测距卫星导航方式的第二代导航卫星全球定位系统，即 GPS。俄罗斯自行开发了与 GPS 系统原理、功能十分类似的格洛纳斯系统。欧洲空间局也正在研制名为"伽利略"的系统。日本也打算建立区域性的卫星导航定位系统。

GPS 是由美国国防部开发的星基全球无线电导航系统，它可为全球范围内的飞机、舰船、低轨道航天器、地面部队、车辆，提供全天候、连续、实时、高精度的三维位置、三维速度以及时间数据。

1978 年 10 月 6 日世界上第一颗 GPS 导航卫星发射，1993 年 12 月完成 24 颗卫星组网，1995 年 4 月 27 日达到完全运行能力。GPS 卫星现发展了两代三种型号，现在轨道运行的为第二代的两种型号"GPS - 2A"和"GPS - 2R"，卫星寿命约为 7.5 年。

GPS 由空间系统、地面控制系统和用户系统这三大部分组成。其空间系统由 21 颗工作卫星和 3 颗备份卫星组成，分布在距地 20200 千米高的 6 个轨道平面上，运行周期为 12 小时。在地球上的任何地方任一时刻都能同时观测到 4 颗以上的卫星。

地面控制系统负责卫星的测轨和运行控制。用户系统为各种用途的 GPS 接收机，根据用途它可分为测地型、定时型、全站型、普通型和集成型，根据携带者又可分为船载式、车载式、机载式、星载式、弹载式和手持式。

GPS 接收机可装载于各种飞行器是，包括导弹、炸弹、舰船、车辆或者个人手持，还可以集成于计算机、测绘仪、照相机等仪器设备中。该系统用户数量是没有限制的。GPS被誉为是继"阿波罗"登月和航天飞机之后的又一重大航天科技成就。

GPS系统为军民两用系统。在军用系统，从1990年的海湾战争开始到现在，美国的一切军事行动几乎都与卫星定位系统相关联。

在民用领域，其用途遍及人类活动的每一个角落，可以说是其应用极其广泛。它包括探险、野外考察、登山、航海、航空，公交车辆调度、车辆监控与防盗、动物迁徙路线追踪、输电线路雷击定位等。在我国国庆50周年阅兵和群众游行中，就采用了GPS来控制游行队伍方队间隔和行进速度。

除此之外，GPS技术的出现还促进了许多传统技术的发展与突破，产生了新的技术学科和应领域，如GPS大地测量、板块运动测量、地壳形变监测、GPS气象学、3S技术、精确农业等。GPS技术已经发展成为多领域、多模式和多用途的国际性高新技术产业。

但是，GPS也绝非完美无缺。例如，其规模太大、造价太高，其他国家很难效仿，俄罗斯和欧洲空间局就是典型的例子。GPS只能导航，无法通信，因而不能满足日益增长的需求，如果仅依赖GPS，则容易受美国控制。那么，有没有解决这些问题的新方法呢？中国的"北斗"开辟了一条新途径。

俄罗斯的格洛纳斯与美国GPS大同小异，1995年俄罗斯耗资30多亿美元，完成24颗中高度圆轨道卫星加1颗备用卫星组网。它也由24颗卫星组成，原理和方案都与GPS类似，但其导航精度稍逊于GPS。且其应用普及情况远不及GPS。另外，格洛纳斯卫星平均在轨道上的寿命较短，且由于经济困难无力补网，原来在轨卫星陆续退役，当时在轨道上只有6颗星可用，不能独立组网，只能与GPS联合使用。

2003年的伊拉克战争对俄罗斯产生了相当大的震动，迫使俄罗斯领导层再次重视起太空的军事用途。按俄罗斯航宇局局长科普捷夫的说法，俄罗斯正在和包括中国在内的国家和组织进行商谈来共同恢复格洛纳斯，希望到2011年将该系统完全恢复。

我国第一代卫星导航系统于1994年批准建设，2000年建成，共耗资人民币23亿元。中国第一代导航系统，英文简称BD，由"北斗"两字汉语拼音的首位字母组成。在自然界，北斗星由7颗亮星组成，形似斗勺，"勺"头的两颗星指向北极星，当夜晚迷失了方向的人们只要抬头找到它们，也就"找到了北"。我国古人更是用其"定位"日期和四季、生产生活。

该系统由3颗采用"东方红三"卫星平台的卫星和地面系统组成，卫星运行在3.6万公里高度的地球静止轨道上。

该系统采用双星定位原理，用两颗卫星组建导航系统的建议是我国著名科学家陈芳允院士与美国吉奥星公司同时提出的，但美国和欧洲的公司在这方面的研制工作均失败和破产了，而我国首先实现了这项卫星导航定位的创新工程。

"北斗"一代卫星工程可为我国及周边地区时速低于1000公里的用户提供定位、报文通信和授时服务，定位精度20米，可支持30万个用户使用。

监控救援、信息采集、精确授时和导航通讯是我国"北斗"系统的功能。具体可广泛应用于船舶运输、公路交通、铁路运输、渔业生产、海上作业、水文测报、森林防火、环境监测等众多行业。它在我国西部和跨省区运营车辆、沿海和内河船舶，水利、气象、海洋、石油和森林防火，通信、电力、铁路和交通，公安保卫、边防巡逻、海岸缉私和交通管理等方面发挥着重要的作用。

除此之外，"北斗一号"系统在部队训练、执勤、武器装备试验等军事斗争准备和抢险救灾中发挥了积极作用，初步满足了我军对导航定位的基本需求。

经国务院、中央军委批准，"北斗一号"系统全面对民用开放，由总参谋部测绘局负责系统运行维护、资源调配使用管理。

本着"先区域，后全球"的思路，"北斗一号"在国际上首次实现区域性卫星导航，覆盖我国本土及周边，通过空间卫星、地面控制中心站和用户终端等三部分即可完成定位。

与美国GPS和俄罗斯格洛纳斯的"无源定位"不同，中国的北斗导航系统采用的是"有源定位"，不是在卫星上计算所有用户的位置，而是在地面中心站完成，也不直接从卫星上接收信号，而需要地面中心站把卫星信号"转送"给终端用户，因此，地面中心站可以保留全部北斗用户的位置及时间信息，并负责整个系统的监控管理。

北斗导航卫星总设计师、中国空间技术研究院研究员范本尧院士说："和GPS等系统相比，'北斗一号'能够在很快的时间内建成，用较少的经费建成并集中服务于核心区域，是十分符合中国国情的一个卫星导航系统。"

值得一提的是"北斗一号"还具备了一项GPS和格洛纳斯所没有的功能——通信。

用户与用户、用户与中心控制系统间均可实现简短的"数字通信"，用户一次可传输120个字符左右，尤其是在手机信号覆盖不到的边远地区或海上，"北斗"卫星导航系统可以发挥传递手机短信的作用。

GPS等是一个接收型的定位系统，只转播信号，用户接收就可以做定位了。但"北斗"一代是双向的，既可以让用户知道自己所处的位置，又可让别人知道用户所处的位置。不仅定位"我在哪儿"，还能解决"你在哪儿"的感知问题，并可以高效快捷地实现"我"和"你"之间的信息传递。这确实给沙漠、海洋救援等诸方面带来了极大的便利。这在一定程度上弥补了国外电源系统在此方面的缺陷。

　　范本尧院士说："如果出租汽车公司把车撒在外面，装上 GPS 系统只能对车辆本身进行定位，老板却看不到车在哪儿；装上我们的'北斗'系统，他就能看到公司所有车辆在国内的具体位置，以及过去一段时间以来它们的行驶轨迹，也便于及时地调度。"

　　"北斗一号"是世界上第一个区域性卫星导航系统。我国的"北斗"卫星导航定位系统虽然建成时间晚于美俄两国，尽管它不能在全球范围内实现高精度的实时导航定位功能，但它具有适合我国国情的特点，如周期短、投资少、具备特色功能等。

　　与全球性的系统相比，它能够在很短的时间内建成，用较少的经费建成并集中服务于核心区域，是十分符合我国国情的一个卫星导航系统。

　　"北斗一号"是用户先发射需要定位的信号，通过卫星转发至地面控制中心，地面控制中心计算出位置后再通过卫星转发给用户。而 GPS 和格洛纳斯只需要接收 4 个卫星的位置信息，由自己解算出三维坐标。这是由于"北斗一号"本身是两维导航系统，仅靠两颗星的观测量尚不能定位，观测量的取得及定位计算均需在地面中心站进行。

　　"北斗一号"区域卫星导航系统具备在中国及其周边地区范围内的定位、授时、报文和 GPS 功能。但由于该系统用户无法保持无线电静默，也无法在高速移动的平台上使用，因此"北斗一号"系统对军事并不适用。

　　中国的"北斗一号"系统，与美国和俄罗斯的全球导航卫星尚有较大的差距。"北斗一号"定位系统只能覆盖中国和周边一些国家和地区，是区域性而不是全球性的，它只是在亚太地区。而美国和俄罗斯的导航卫星则是全球性的。

　　"北斗一号"开通以来，为中国以及周边地区交通运输、渔业、勘探、森林防火等领域提供有源服务，累计提供定位服务 2.5 亿次，系统运行的可靠性高达 99.98%。

　　"北斗"导航系统在 2008 年表现得极为抢眼。在汶川抗震救灾中，"北斗一号"全力保障了救灾部队行动，奥运会期间，北斗系统与 GPS 系统共同承担相关保障任

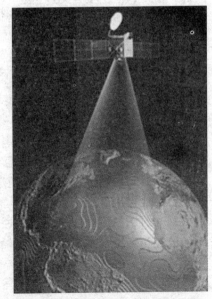

"北斗一号"

务，北斗导航系统首次参加神舟飞船飞行试验任务，成为"神七"返回舱着陆场系统空中指挥平台的一大亮点。

全球普遍使用的 GPS 的运用自主权并不在中国，在某些情况下等同于受制于人，美国可以随时关闭系统或者将系统使用的精确度降低。

"北斗一号"的成功发射，标志着我国自主研制的北斗导航定位系统为基础的卫星导航定位产业正在迅速崛起。可以进一步打破美国独霸全球卫星导航定位市场的局面，对这个新兴市场的进一步发展大为有益。

"北斗"系统已经产生了显著效益，尤其适合于同时需要导航与移动数据通信的场所，例如交通运输、调度指挥、有关地理信息系统的实时查询等，进一步促进中国导航应用市场的快速发展，刺激大批量用户机的迫切需求。该系统的实际有效范围比预想的还要宽广。

"北斗"导航系统是我国第一个持续发挥作用的空间系统，它将在太空中运行 8 年。根据我国的需要，今后还将建立其他几个系统，使数据的传送更加连贯，同时让我国的航天为国民经济发挥更大的作用。

此次组建第一代卫星导航系统之后，我国将着手准备建设第二代卫星导航系统。第二代系统将更符合国际发展趋势，许多新技术的应用将使该系统的功能更加完善。第三颗"北斗"不仅作为备份星在第一代系统中服役，而且将对第二代导航系统的关键技术进行试验。

一位导航卫星应用专家预测说，到 2008 年"北斗"导航定位系统将会有 30 万个用户，直接产值将达到 35 亿元人民币，相关产业的经济带动将是其直接产值的 10 倍以上。其盈利点主要包括"北斗"终端用户机的销售，"北斗"运营服务费的收取等，各种各样的应用系统建设。

我国的"北斗"卫星导航技术有限公司现正在为海南岛的渔业船舶设计监控和管理系统。该系统建成后，一方面可以当出海的渔船，遇到台风等恶劣天气时对渔船进行实时控制，遇险后及时搜救渔船。另一方面，可防止渔船漂至公海或其他国家海域，与其他国家发生冲突。此外，渔民可以在海上进行期货交易，使渔业交易水平有了明显提高，促进渔业生产的发展。

"北斗"星通公司自主研制建造的大型公用服务增值平台，"北斗运营服务平台"也已经开通。它依托于"北斗"卫星导航定位系统，为覆盖范围内的入网注册用户提供导航定位、通信和增值信息服务，即为用户提供移动目标的监控与管理及数据采集与传输服务。其应用领域非常广泛，特别是在民用领域中，可以对车、船、飞机等移动物体进行监控、管理。

随着第三颗"北斗"的上天，与"北斗"卫星导航定位系统相关的民营运营商代理条例也将出台。

从 2003 年我国"北斗一号"建成并开通运行，已在测绘、电信、水利、交通运输、渔业、勘探、森林防火和国家安全等诸多领域发挥着重要的作用。

业内人士介绍，除了标定终端位置之外，北斗的指挥机还能够用短信的形式向终端下达命令。

2008 年 5 月 12 日，在地震发生后的 3 小时内，正是运用"北斗"系统的短信功能，远在北京的武警指挥中心和四川武警森林部队进行了短信息交流，交流次数多达上百次。

中国自主建成的"北斗"卫星导航定位系统开通应用 5 年，在国民经济、社会发展和国防建设中成功推广，实现规模化应用，并形成了数十亿元人民币市场占有量的产业化规模。

尽管"北斗"系统仍在建设中，但卫星导航精确定位的高科技成果，却早已植入我们的日常生活中。中国铁路的大提速，没有卫星导航提供每列火车在线运行的精确位置，提速会变得不可思议。同理，城市轻轨运行、高架路动态交管等等，倘若失去卫星导航精确定位，效率和安全均会遭受重大挑战和损失。

诚如每一次大的技术进步总是深刻影响人类生活、加速人类文明进程一样，"北斗"系统的应用也会改变我们的日常生活。比如，到那时候，家长可以足不出户，只借助家里的视频电话，就可精确知晓放学后的孩子正走在回家的哪条马路上。

除了巨大的国内意义，"北斗"系统还有重大的国际意义。当时世界上在轨运行的全球卫星定位系统只有美国的 GPS 系统和俄罗斯的格洛纳斯系统，但由于格洛纳斯系统迟迟未能全部部署完毕，因此世界卫星定位导航市场一直被美国垄断。

2008 年 4 月 23 日，欧洲议会全体会议经过两天的讨论终于通过了欧洲"伽利略"全球卫星导航系统的最终部署方案，这标志着为期 6 年的"伽利略"计划基础设施建设阶段正式启动。

中国"北斗二号"卫星的发射，无疑为这个进程增添了更为强劲的活力。

多国竞争有助力于打破全球导航定位市场美国一家独大的局面。尤其是多个全球卫星导航定位系统投入运行后，全球的用户会使用多制式的接收机，获得更多的导航定位卫星的信号，导航定位的精度在无形中极大地被提高了，这就是竞争给用户带来的直接好处。

除此之外，由于全球出现多套全球导航定位系统，从市场的发展来看，会出现 GPS 与多家系统竞争的局面，竞争会使用户得到更稳定的信号、更优质的服务。世界上多套全球导航定位系统并存，相互之间的制约和互补是各国大力发展全球导航定位产业的根本保证。

高火山与"风云3号"卫星

2000年，我国新一代气象卫星"风云3号"上马。"风云3号"卫星总指挥由高火山担任。

"风云3号"卫星是当时我国对地观测卫星中装载有效载荷最多的一颗卫星，卫星精度要求高，技术复杂，因而研制工作困难重重。

高火山毫不畏惧，以"一生钟爱'风云卫星'，不达目标誓不罢休"的决心，率领"风云3号"卫星研制人员豪情满怀地向又一颗卫星发起进攻。在这之前，高火山曾参加了"风云1号"卫星测控系统的总体设计与试验，并出色地完成了这个项目。

1998年，"风云1号"A星、B星没有达到设计寿命而遇到挫折。

面对挫折和国内外的压力，当时身为卫星行政总指挥的高火山要求研制人员知难而进。

高火山和同事们围绕设计、生产、质量控制等方面进行了全面反思，采取了一系列保证卫星质量的措施，并逐项一一落实。

在研制"风云1号"C星时，科技人员憋足了劲，一心想打翻身仗。

高火山当时作为院主管卫星型号的科研三部副部长，不仅要协助型号"两总"提高设计质量、把住源头关，而且要针对型号管理中存在的问题和现象，敦促有关方面制定规范，将管理隐患消除掉。

高火山经常深入厂所，协助分析问题、查找原因、认真整改。

在"风云1号"C星临出厂前的一段日子里，他常常工作到晚上11点才想起回家。

长时间的超负荷工作，体力严重透支的高火山吃不下去饭，觉也睡不香。累了，他就买来西洋参含片，放入口中强提精神，坚持工作。

卫星终于出厂了，稍松口气的高火山又跟随"风云1号"C星试验队赶赴发射场，执行发射任务。

试验队出发前，高火山就发现自己咽部时常有异物感，咳不出也咽不下，但是他却简单地吃点药，就上了去发射场的专列。

没想到，一天后，高火山咽部灼热、发痒、刺痛，并时有声音嘶哑。他用足气力讲话但声音却很轻，而且吞咽困难。

在专列上开会时，为了让坐在最后排的队员都能听到，高火山把自己讲话声音调节到最高，尽量使声音洪亮。

到了发射场后，高火山克服咽炎病痛指挥队员们做好发射前的准备工作。领导劝他去医院治病，但他一心扑在工作岗位上，顾不上去。

在卫星即将发射的前夕，高火山急性咽炎发展成了慢性咽炎，吃药打针已不起作用了。发射任务圆满完成后，高火山欣喜若狂。

回到上海后，医生告诉他，如不及时治疗，急性咽炎很快就会发展成为慢性咽炎，还会以此为突破口，损坏声带，引起其他呼吸器官发炎，甚至爆发全身疾病。

针对高火山慢性咽炎的严重程度，多家医院的医生不约而同地开出了长病假单子，建议他少讲话，卧床修养几个月。可积劳成疾的高火山根本就没有时间休息，他还要负责"风云1号"D星及后续任务的工作。

高火山为治疗慢性咽炎前后花去两万多元，但始终无法彻底治愈，直到现在，他讲话时间稍长一些，咽部就会干痒，并引起干咳。

2000年，高火山担任了"风云3号"卫星总指挥。开始了中国新一代气象卫星的研制工作。

由于我国电子工业基础薄弱，较长时期以来，我国部分电子元器件产品的质量始终存在着缺陷。但卫星使用的元器件，对质量有极高的要求。

为确保卫星长寿命、高可靠，必须首先确保元器件的高质量。

"风云1号"A星、B星升空不久相继"夭折"，这深深地刺痛了科技人员的心。

他们在当时的卫星总指挥项家桢、总设计师孟执中带领下，从"风云1号"C星开始，始终把提高卫星产品的质量和可靠性与性能指标放在同等重要的位置，在元器件选择、单机应力筛选、环境试验、高温老炼试验等方面实施了一系列强有力的措施。

他们剔除元器件中的早期失效产品，提前暴露产品存在的薄弱环节和质量隐患，及时采取有效的措施，使卫星产品的可靠性有所提高。

尤其是在"风云1号"C星上首次提出了卫星出厂前进行整星通电老炼试验的概念，为以后其他卫星研制提供了很好的借鉴。

高火山自从接任"风云卫星"总指挥后，不仅继承发扬了前辈良好的工作作风，而且十分注重元器件质量管理，并将它作为突破口，全面提升卫星型号质量管理水平，使卫星元器件等产品质量在原有基础上大大提高。

高火山和科技人员一起，在"风云1号"卫星研制过程中始终以长寿命、高可靠为目标，在设计中对影响卫星可靠性的各种因素进行了充分的分析，找出薄弱环节，采取各种可靠性设计手段，有效地提高星上各系统和单机的可靠性。

其中，重点是提高接口的可靠性，消除关键部位的单点失效故障。

为此，科技人员对元器件质量、防环境污染、抗空间粒子辐照效应、电磁兼容性等采取了一系列技术措施，并进行充分的地面验证和可靠性增长试验，从而使卫星的寿命和可靠性有了提高。

"风云1号"卫星首次实行的卫星出厂前一个月进行整星通电老炼试验，对提高卫星质量、不带问题出厂的作用很重要。

"风云1号"C星在整星老炼试验之初的第一个星期，就暴露出了两个质量问题，如不及时将其排除，卫星上天后就不能正常工作。

高火山他们及时提出了应对措施，并按"双五条"要求进行归零，终于将故障排除了，确保了卫星的可靠性。

高火山还十分注重发挥老科技人员的聪明才智。

前几年，上海航天技术研究院某研究所一位从事元器件专职工作几十年的老专家退休了，高火山慧眼识珠，聘请他为"风云3号"卫星元器件质量管理员，协助处理元器件质量问题，把好元器的件质量。

这在当时八院多个卫星型号中是没有过的事情。这位老专家在工作上兢兢业业，做到了守土有责，为提高"风云3号"卫星研制质量作出了贡献。

与高火山一起工作的科技人员评价他说："高火山工作风格有'三实'，即朴实、务实、扎实。"

在研制"风云3号"卫星的几年中，高火山与全体科技人员一起，将一个又一个关键技术难题解决掉，2002年底，完成了"风云3号"卫星方案的研制，2005年11月，完成了"风云3号"卫星初样研制，2005年12月，"风云3号"卫星顺利转入正样研制。

就这样，在高火山的带领下，中国的"风云3号"卫星日渐成形，离升空也越来越近了。

2008年5月12日14时28分，太原发射中心，正和同事一起执行"风云3号"任务第一次火箭推进剂加注演练的加注手田华，突然感觉全世界都在晃动，很少地震体验的他还以为自己感觉出了问题，再加上任务演练分外紧张，不敢有丝毫马虎，所以他并没有多想。

"风云3号"气象卫星发射需要火箭研制单位、卫星研制单位、气象用户和中心等"四方"合作，涉及到发射、测控、气象、通信、勤务保障等5大系统的两千多个专业和岗位。

按照卫星任务的"竞争上岗"程序，各岗位各专业立足发射实战，从严、从难抓好针对性训练和发射任务战前考核，以使保参试人员的定岗质量。

按照卫星发射技术与管理问题"双归零"标准，各专业人员反复进行岗位自查、专业互查，坚持做到不漏测一个数据、不放过一个隐患、不忽略一个疑点。

5 月的发射场天气多变，供电安全存在诸多隐患。供电专业负责人梁建忠带领 20 多名骨干，连续 10 天奋战在巡线一线，全面检查了 30 余条供电线路，以确保供电线路畅通无阻。

按照各单位、各系统、各专业"无缝对接"的要求，中心上下携手同力，先后 7 次进行联试联调，在卫星进入临射状态之前把所有问题和隐患都解决掉。

5 月 25 日，组织各参试单位进行第一次模拟发射，中心所有岗位和专业全部实现零故障、零隐患、零差错，达到了"随时下达命令，当即便可发射"的要求。

2008 年 5 月 27 日上午，黄土高原上的太原卫星发射中心，天气阴沉沉的，空中扬起的一层黄色沙尘笼罩着紧张忙碌却井然有序的发射场，不时有几只喜鹊叽叽喳喳地从头顶上飞过。

沐浴着透过沙尘的淡黄色阳光，"风云 3 号"气象卫星及其运载火箭"长征 4 号"丙星箭组合体高高耸立在晋西北高原的巍巍塔架上，冲天而立，蓄势待发。

"风云 3 号"卫星装有 10 余种具有国际先进水平的探测仪器，可在全球范围内实施探测，在"风云 1 号"基础上实现了质的提高，并创造了诸多第一：

（1）星载有效载荷数量第一。它采用新型卫星平台，装载着 11 台高性能的有效载荷探测仪器，这在国内卫星上是首次。

（2）单机活动部件数量第一。它的 20 台单机有 35 个活动部件，是国内卫星活动部件最多的。

（3）气象卫星观测功能第一。它的遥感仪器观测谱段从真空紫外线、紫外线、可见光线、红外线一直到微波频段全部都有，既有光学遥感，又有微波遥感，能实现全天候、全天时、多光谱、三维、定量探测，与欧美新一代气象卫星处于同一发展水平。

专家形象地评论说：

"打个比方，'风云 1 号'D 呈现出的是黑白画面，而"风云 3 号"呈现的画面不仅是彩色的，还是立体的。"

"风云 3 号"卫星代表了当时世界气象卫星的最高水平的发展趋势。

"风云3号"卫星与当时在轨运行的静止气象卫星"风云2号"C星及D星一起，将精准的气象服务提供给北京。

虽说天气不好，但太原卫星发射中心已做了充分准备，所以这根本影响不了发射。

"一分钟准备……20秒……5、4、3、2、1点火！起飞！"

北京时间11时02分，随着发射场零号指挥员一声令下，那枚粗壮、结实、雄伟的火箭底部喷出巨大的桔红色火焰，在轰隆隆巨响声中托举着卫星直上九霄……

星箭点火升空约19分钟后，西安卫星测控中心传来数据表明，"风云3号"气象卫星已成功进入太空预定太阳同步轨道。

进入预定轨道后，卫星将每天对全球扫描两次，扫描宽度为2900公里，无论白天黑夜，都能对地面上空30多公里的范围形成立体彩色图像，所作的气象预报具有极高的精细化和准确度。不仅为北京奥运会提供精细化的气象服务，还将使中国的中期数字化气象预报成为可能。

第五章

宇宙艰难探索路

宇航服的诞生和发展

1959 年 7 月，身为海军少尉的威廉驾驶的歼击机突然失灵，他被抛到1.5万米的高空。他突然感觉全身痛苦：腹部膨胀，耳膜撕裂，身体几乎快散架，气泡从躯体冒出，血从眼、耳、鼻和口中涌出。威廉趁着头脑还清醒，急忙打开了降落伞，最终回到了地面。于是人们知道了，当一个人在高空，若无特殊装备的保护，是非常危险的。

于是科学家们开始研究可提供特殊保护的服装，宇航服就是这个研究的最重要成果之一。如果正常人在太空中，而没有宇航服的保护，那么他将活不到一分钟。这是为什么呢？首先，太空中没有空气，因而人无法呼吸，一般人在一分钟内几乎就会因缺氧致死。而且，太空中极其干燥，不穿宇航服的话，人体就会立即被风干。再加上，太空中气温一般都在 -30℃ 左右，不穿宇航服的话，人即使不被风干也会被冻死。另外，太空中四面八方的风，以及没有重力没有引力的环境，也会导致人的直接死亡。因为在太空中，人处于失重状态，在这种情况下，人体是无法将血液输送到下肢的，所以这也是宇航服需要解决的问题。

早期的宇航服非常笨拙，人在里面几乎不能动弹。后来，一位名叫科利的设计师，在花园里观察到一种特殊的虫子后，才改变了这一切。这个滑稽的肥肥大大的虫子有一个外壳，它由许多单个的节连接而成，虫子由此具有很高的灵活性。于是在不久以后，灵活的宇航服就问世了。跟过去的太空服相比，它分节的胳膊和腿，大大地减少了对宇航员的约束，并能够提供氧气，抵御来自外界的伤害。

现在，经过不断地改进，宇航服不仅能够保护宇航员，而且还能够使宇航员着装后显得十分潇洒。

宇航服

曲折的"水星计划"

"水星计划"是一项载人宇宙飞船发射和回收的计划，美国希望将一艘能够乘坐一名宇航员的水星号飞船发射到太空中，对宇航员在空间的活动能力进行检验，最后像飞机一样，使宇航员平安地载回地球。这个计划的实施过程的确十分艰难。1960 年 7 月 29 日的第一次试验，飞船就在爆炸声中一下子粉身碎骨。后来，又经过了几次失败经历，水星号飞船的发射和回收终于取得了成功。

不久之后，一只黑猩猩登上了"水星 2 号"飞上了蓝天，并安全地降落在预定的海面上。至此水星计划取得了初步的成果。

1962 年初，第一次载人轨道飞行的实验就要实施。然而，发射的准备工作一开始就进行得不顺利，光是发射的时间前后就更改了 10 次，这对宇航员的心理素质无疑是一种强烈的考验。2 月 20 日，"水星"火箭总算冲向了太空，准确地将飞船送入了固定的轨道。但是，宇航员突然发现飞船出现了向西甩动的现象，虽然能很快地自动纠正，但每次纠正都要消耗大量的燃料。宇航员很快判断出是驾驶器发生了故障，于是只得改由人力操纵飞行。随即，控制中心的测航仪器忽然发出了警报，飞船的隔热层成了半开状态，如果隔热层在进入大气层之前全部脱落，那么飞船和空气间的巨大摩擦所产生的高温，就会熔化掉整个飞船。这一不幸的消息，使得地面控制中心的工作人员万分焦急，他们立即投入到紧张的研究之中。终于，地面专家们提出了完善的解决方案，使飞船安全地回到地球的怀抱。

当人们从船舱里将宇航员救护出来时，在场的人们一下子狂欢起来，欢呼之声响彻云霄。至此，水星计划画上了一个完美的句号。

"水星计划"宇航员

坎坷的返回之旅

1965 年 3 月，顺利完成第一次太空行走后，苏联的飞船准备返回地面，却不想此时出现了严峻的险情。就在他们进行准备工作时，飞船内部的压力急剧升高。为了防止发生爆炸，宇航员赶紧降低温度和湿度，但并未产生作用。这种压力增加的险情，整整持续了 7 个小时。因为过于疲劳，两位宇航员昏睡了过去。突然，类似爆炸的声音把他们惊醒了，宇航员们都以为飞船发生爆炸了，最后的时刻到来了。可是，周围的一切并未燃烧，相反，仪器显示飞船内部的压力正在慢慢下降，一会儿后竟完全正常了。

宇航员们正在暗自庆幸，但是不久之后又发生了大问题——飞船的定位系统出现了故障。在得到地面指挥中心的同意后，宇航员们不得不冒着生命危险，采用手动方式着陆。最终，飞船降落到了地球上，但是却降落在了原始森林的深处。这时还是冬季，地面上积聚了 2 米厚的积雪。两位宇航员费尽九牛二虎之力爬出舱门，伴着暴风雪和狼群的嚎叫声，架好天线，向指挥中心发出呼叫信号，但指挥中心迟迟没有回应。

天黑了，气温越来越低，且飞船内制冷空调不知为何总也关不上。宇航员的宇航服内灌满了汗水，因此他们不得不在低于 −20℃ 的严寒中光着身子拧干内衣。直到第二天，地面搜寻人员才找到他们。直升机投下食品和防寒服，可是这些东西大多被大风刮走，最后只找到几根香肠和一只皮靴。

直到第三天，几乎绝望的两位宇航员才最终获救。

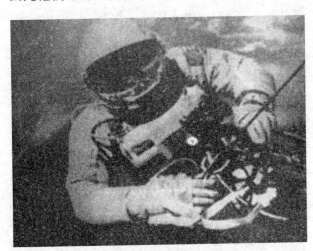

坎坷的返回之旅

"阿波罗"试验遭火灾

1967年1月，美国的一艘"阿波罗"飞船正在进行载人航天飞行的地面联合模拟试验，不想此时充满纯氧的飞船座舱突然起火，三名航天员葬身在火海中。当时，按照航天中心的计划，如果这次地面模拟试验成功，这3名航天员就会乘此飞船进入环地轨道飞行，以验证登月飞行的实现程度。

在试验前，相关人员已作过安全检查，凡发现的易燃易爆物均已被移开或拆除。试验组织者认为不存在不安全因素，因此在试验现场也没有布设专门的消防人员、医生和紧急救援人员。试验按照程序进行。当进行到最后时，突然程序中断，飞船指令舱起火。人们从指挥室里的通信电话中，听到舱内的航天员大喊："着火了！"接着又听到"快放我们出去！"的喊声。

然而，舱门还未来得及打开，在短短的几十秒内，3名航天员就被烧死在舱内。后来查明，是由于飞船导线的短路引起了这次火灾，电火花引燃了舱内塑料制品。"阿波罗"飞船中，一些在正常空气中本来是耐火材料的塑料制品，在纯氧中却成了易燃物品。此外，舱门打开时间设计为90秒，着火时船内形成负压，无论从外面还是里面，在极短的时间内都无法打开舱门。

这场火灾造成了3人死亡的特大事故，给后人以很多启发。后来的"阿波罗"飞船舱内采取了一系列安全措施，如重新研制舱内材料、对逃逸救生系统进一步完善、增加了防火措施等等。中国的"神舟飞船"在设计时也吸取了这个教训。

1971年8月2日，"阿波罗15号"登月时，美国航天员将他们3人的骨灰撒在了月球表面上。他们3人虽然生前未能登上月球，但死后终于来到了这里。

"阿波罗"飞船

"联盟 1 号" 飞船遇难

　　苏联第一艘载人的联盟号飞船"联盟 1 号"于 1967 年 4 月 3 日顺利发射。但是当其飞行到第 2 圈时，宇航员科马罗夫报告说："飞船左边的太阳能电池帆板没有打开，电源供电不足，无线电短波发射机没有工作，姿态稳定系统也受影响，飞船处于不规则运行之中。"科马罗夫是苏联当时最优秀的航天员之一，具有很丰富的飞行经验。他先是将飞船的左边朝向太阳，试图打开帆板，但未成功。到了第 5 圈时，飞船故障进一步加剧。科马罗夫虽竭尽全力排除故障，试图启动飞船发动机以稳定飞行，但仍旧没有成功。

　　到第 10 圈时，筋疲力尽的科马罗夫请求睡一觉。经允许后，飞船中断了与地面的通信联络，并在第 13 圈时再次恢复。科马罗夫报告说，飞船故障仍未消除，姿态仍不稳定。经过飞控中心研究发现，原因在于飞船左侧的太阳电源翼板出现故障，已经无法展开了。地面中心决定立即返航。第 19 圈时，科马罗夫手动控制返回，使飞船进入了返回轨道。4 月 24 日，事故发生了。那天 6 时 24 分，失去控制的飞船，带着一团火光，以每秒 100 多米的速度斜着向地面撞去。当飞船降落至离地面 10 千米高度时，宇航员立即启用降落伞，不幸的是降落伞也出现了故障。没过几分钟，飞船撞向了乌拉尔地区地面，并发出几声猛烈的爆炸声，科马罗夫当场牺牲。当救援人员赶到现场时，飞船残骸还在燃烧。

　　鉴于这次事故的教训，苏联不得不对飞船重新进行审查，经过一年多的改进，才于 1968 年 10 月再次发射不载人的联盟 2 号。1971 年 8 月 2 日，"阿波罗 15 号飞船"登月时，美国航天员带去了一块刻有已故苏美航天员姓名的铭牌，安放于月球上，科马罗夫的名字也在其中，以纪念为航天事业英勇献身的英雄们。

"联盟 1 号"飞船

尤里·加加林遭遇空难身亡

1968 年 3 月 27 日，苏联航天英雄加加林驾驶一架米格歼击机去执行任务，但不想从机场起飞后不久就发生了坠机事故。

根据目前掌握的资料来看，在最后的 68 秒里，加加林已经失去了知觉，因此无法使飞机改变垂直下降状态。飞行员是在爬升到 2000 多米时才通过仪表显示得知座舱密封不严的，在 4200 米高空进行转弯，确认飞机发生意外，开始根据指令行事：停止执行任务，紧急下降到 2000 米处，返回机场。飞行轨迹表明，谢列金和加加林正是这样做的，转弯，紧急下降。他们想转 320 度，向左飞行，但只转了 180 度，原因很简单，左侧 3000 米处有另外一架"米格－15"歼击机，向左飞行有可能相撞。

调查结果证实，在 4200 米的高空中，加加林在没有使用氧气罩的情况下在未密封的座舱内飞行了 6 分多钟，这意味着，他当时已经开始缺氧。有充分的证据表明，在昏迷前的 3 秒~7 秒内，加加林失去了工作能力。随后，飞机俯冲并撞到地面，这都是在失控状态下进行的。22 秒后，飞机爆炸。

后来，在 1991 年，医疗专家确认，飞行员在昏迷 5 秒~15 秒后才会恢复知觉；再过 15~20 秒后，才能恢复运动能力，再过 30 秒~120 秒才能操纵飞机。因此，加加林根本就没有时间去及时苏醒和重新控制正急速俯冲的飞机。

苏联航天英雄加加林

不过，事故过程中，座舱密封不严是通风开关的问题，他以为是航空设备故障，于是决定严格按照指令行事。遗憾的是，当时的指令没有限制紧急情况下的垂直下降速度，到 1975 年才做出了最高不能超过 50 米/秒的限制。就是因为缺乏这个现在看来非常简单的限制，让宇航员尤里·加加林因飞机失事而身亡。这件事也使人们对航天飞行技术和安全保护的认识加深了。

夭折的"714"工程

中国第一颗人造卫星东方红一号于1970年4月24日升空。接下来，国家下定决心，继美、苏之后，制造出载人飞船，还给那艘尚未诞生的飞船起了个意味深长的名字——"曙光号"，并准备在未来4年的时间里将飞船送入太空。

1971年4月，在北京京西宾馆里，聚集了全国80多个单位的400多名专家学者。此时，专家学者们正在讨论着中国未来的飞船的样子。由于时值1971年4月，因此，该项目便有了一个代号："714工程"。代表们兴致勃勃地品尝了我国自己研制的航天食品：高热量的巧克力、压缩饼干和美味的鸡汤等。"714工程"还制造出了"曙光号"的全尺寸模型：它的外形像个倒扣的大漏斗，由座舱和设备舱两大舱段组成，两把宇航员坐的弹射座椅放置于座舱里。

然而，由于当时国家的经济基础薄弱、科技水平相对低下，真正动起手来，航天专家们才知道制造载人的火箭和飞船并不是件轻松的事。他们手上仅有的长征一号火箭，无论在火箭的推进力方面，还是在火箭系统的复杂程度方面，都与载人航天火箭相距甚远。而且，宇宙飞船系统的精密要求和复杂程序，也让科技人员们望洋兴叹。终于，在4年之后的1975年，中央决定放弃"714工程"，"曙光号"最终尘封在一张张的构思草图中。周恩来总理实事求是地专门就中国载人航天的发展讲了几条原则，其大体意思是：要先把地球上的事搞好，要搞国家建设急需的应用卫星。

自此，中国暂时停止了对载人航天的探索，而将精力和重点放在了各种类型的应用卫星方面的探索，直到20世纪80年代末期，才重新开始对航天飞船的研究。

"曙光号"升空

"联盟11号"飞船空气泄漏事故

　　1971年4月，苏联发射了人类第一个空间站——"礼炮1号"。4天后，"联盟10号"飞船与"礼炮1号"对接成功。对接后，由于故障，航天员尽力工作了5个多小时，试图进入空间站，但未能成功，因此只好应急返回。6月6日，联盟11号飞船载着三名宇航员，再度进入太空与"礼炮1号"进行对接。他们在距空间站100米的地方开始交会对接，克服了一系列的困难后，终于取得成功。三位宇航员进入了"礼炮1号"的轨道舱，并且在轨道舱里生活了23天，进行了一系列天文观测、植物在失重条件下生长的实验和一些医学实验，获得了大量的宝贵资料。对接期间，他们还两次将空间站的轨道抬高。

"联盟11号"飞船

　　6月29日，三名航天员离开"礼炮1号"返回地球，3人都未穿航天服。飞船离开空间站后飞行了4个多小时，同地面上一直保有联系。第二天，飞船在进入大气层前，返回舱和轨道舱分离。但连接两舱的分离插头分离后，返回舱的压力阀门被震开，破坏了其密封性，返回舱内的空气出现泄漏，返回舱内迅速减压，致使航天员最终因急性缺氧而窒息死亡。但是，返回程序都是正常的，而且返回舱也在降落伞减速下，安全着陆。只是当人们打开舱门时，看到的却是已经遇难的三名航天员的尸体。

　　这一事故是苏联载人航天活动中痛苦的一页。这次事故的原因是飞船设计不合理，座舱拥挤，航天员要坐下只有脱掉臃肿的航天服。为此，"联盟号"飞船又一次中断飞行计划达2年3个月，以改进"联盟号"安全性能。同时将乘员从三人减为两人，并增加了一套生命保障设备，规定飞船在上升、返回时航天员必须穿上航天服，以确保他们的安全。

尤里遭遇太空病

　　1977 年，苏联宇航员尤里从"礼炮 6 号"太空站回到地球时状况很差，苍白的脸，额头上还有细细的汗珠。他踉踉跄跄地走下船舱，早在附近等候迎接的儿子，看到英雄父亲回来了，非常激动，立刻大声喊了起来："爸爸，我在这儿，我在这儿！"可是，由于现场的人太多了，声音嘈杂，而且尤里确实感觉太痛苦了，所以并没有听到儿子的叫喊。

　　喊了好一阵子，儿子发现父亲竟然没有反应，心里感到很不高兴，因此，

太空卫星

他决定给父亲一个惊喜。于是，他突然低着头从人群中向父亲跑过去："爸爸！爸……爸……"母亲被儿子这突然的举动吓了一大跳，但她出于本能的反应，立即将儿子拉住。儿子越是拼命地叫喊挣扎，母亲越是不放手，因为她担心儿子会做出什么调皮捣蛋的事情。

就这样，儿子一直没能冲过去抱住自己的父亲，也正因为母亲这个习惯性的动作，挽救了尤里的生命。当时，尤里双腿硬直，步履艰难，没走几步就被担架抬走了。后来，医生对尤里检查后行知，尤里已经染上了太空病，骨骼里钙质大量减少而变得脆弱，若不小心护理就会成为残废。

如果儿子当时冲上去抱住了尤里，尤里很可能会骨折、昏倒，甚至会出现心脏跳动加剧而当场死亡。后来，根据医生的建议，太空病作为一个重大的课题提到了宇航员日常训练的管理当中。

实际上，太空病一般在载人飞船一进入轨道后就会发生症状，持续 2 至 4 天后就会自动消失。但是，对于载人航天事业的发展和空间生命科学来说，它却是一个短时间内难以攻克的大问题。

生物卫星上的失重试验

你知道为什么人类要发射生物卫星吗？科学家解释说，用动物做试验，可以避开人的主观感觉。通过生物卫星获得的数据资料，可以有效地帮助解决太空生物学和医学方面面临的许多问题。

为了寻找一种保护航天员的方法，使他们能有足够的力量抵抗失重，从1973 年开始的 5 年时间里，苏联一共发射了 8 颗载有动物的生物卫星，进行太空试验。第一批在生物卫星上进行的实验，就是人造重力实验。科学家们将小型设备装在卫星上，这种设备可以在实验室里创造出人造重力。通过观测实验室里的白鼠、龟和鱼等动物的反应，就能知道人造重力对生物产生何

人造重力实验

种影响。结果表明，动物很好地承受了这种人造重力。

1983年末，生物卫星上搭载了已怀孕的长尾巴鼠，卫星回收后，返回地球的长尾巴鼠生下了健康的小鼠，后来小鼠又生产了下一代。

1985年，苏联发射了2颗生物卫星，就是为了探索在失重条件下，动物是怎样适应环境的。在这之前，科学家们认为，那些具有较高平衡能力的人员，对失重的适应能力是比较强的。但是，试验结果却表明，科学家以前的想法是错误的。通过对两只具有同等平衡能力的猕猴进行试验，科学家发现，其中一只很快就适应了失重条件，并开始执行分派给他的任务。但是另外一只，直到飞行结束，仍无法适应失重条件。这就意味着身体对失重的适应能力，不仅仅只与平衡器官有关。

于是，科学家开始进行第二次试验，他们记录并评估了平衡器官的定量变化。参加这次试验的动物就更加广泛了，除了有与人类比较接近的猴子外，还有果蝇、鱼、蚯蚓以及飞虫的卵等等，但是依旧没有获得可以直接使用的成果。

出师未捷身先死——"挑战者"的事故

1986 年 1 月 28 日上午 11 时 38 分，美国"挑战者号"航天飞机发射起飞。顿时，看台上前来参观的群众热烈欢呼，其中包括机上 7 名宇航员的亲人。

"挑战者号"在顺利上升：7 秒钟时，飞机翻转；16 秒钟时，机身整个翻转了 180 度；24 秒过去了，一切正常；42 秒过去了，一切正常，航天飞机的速度已经达到 677 米每秒，高度已达 8000 米；52 秒时，航天飞机接到地面指挥中心的指令，全速飞行、59 秒时，挑战者号已经达到了 1 万米高度。此时，地面控制中心和航天飞机上的电子计算机荧光屏幕上，各种数据的显示都未见任何异常。

就在这 59 秒之后，地面发射场就有人发现，航天飞机的右侧冒出一丝丝

"挑战者"的事故

的白烟，但是这个微小的现象并没有引起人们足够的注意。这时航天飞机的飞行高度已达 1.6 万米。第 73 秒时，航天飞机突然闪出一团亮光，随之传来一阵巨大的闷响，挑战者号的燃料箱在空中爆炸，航天飞机出现解体，天空中立刻出现了一团橘红色火球——"挑战者号"爆裂成一团大火，爆裂后的碎片拖着火焰和白烟四下飞散。

"挑战者号"失事了！突如其来的巨变，使所有在场的和电视机前的观众惊呆了。爆炸产生的碎片噼噼啪啪地散落在发射场东南方 3 万米处的上空，时间长达 1 小时之久，7 名宇航员全部遇难。

挑战者号事故引起了美国全国极大的震惊。事故发生当天，美国全国各地下半旗志哀。1 月 31 日，在休斯敦航天中心隆重举行有 1.5 万人参加的追悼大会，里根总统亲自出席，并在会上发表了悼词："通往未来的道路充满着艰险，人类进步的整个历史就是同困难的斗争史……"

空间站中的科学实验

　　1996 年，在和平号空间站上，研究人员拥有自己单独的实验室，可以独立做实验。而且如果一项实验做烦了，还可以进行另一项实验。当时，实验的目的只有一个：观察太空环境下的实验及结果，与地面环境下的实验及结果有哪些不同。

　　第一项实验是观察鹌鹑蛋在太空状态下的孵化情况。研究人员把 30 只鹌鹑蛋放入一个孵化器，16 天后，每天拿出一只鹌鹑蛋，将其放入装有特殊溶液的容器中，以阻止其继续孵化。这些被固定在不同孵化阶段的鹌鹑蛋，随后搭乘货舱返回地面，接受进一步研究。根据地面研究人员的实验，鹌鹑蛋不能正常孵化的比率为 13%，足足是地面的 4 倍之多。研究人员认为，"和平号"上的辐射相当于一个人每天接受 8 次 X 光照射，虽然不会对宇航员的健

空间站中的科学实验

康造成威胁，但对鹌鹑蛋有影响。

　　试验时间最长的是在温室内种小麦，观察小麦的生长和成熟情况。由于小麦可以为长期太空飞行提供氧气和食物，因此此项实验的意义非凡。之所以选择小麦，是因为它的生长周期较短，便于观察。研究人员把小麦种在特殊的土壤中，湿度、温度和光照都由电脑系统控制。按照计划，研究人员定期给小麦拍照，在不同阶段"收割"部分小麦的禾苗，并把这些禾苗存放在抑制生长的固定剂中。大约40天后，终于出现了麦穗，不久就收获了成熟的小麦。后来将小麦送回地面，科学家研究，却意外发现麦穗中一颗麦粒都没有。他们猜测，空间站的空气可能使小麦受到了污染，造成小麦未能结出麦粒。不过，在"和平号"空间站上试种油菜籽的试验，倒是获得了丰收。

"神舟1号"飞船险些失控

1999年11月20日，"神舟1号"飞船——中国第一艘不载人的试验飞船，在酒泉卫星发射中心，用新型长征运载火箭准备发射升空。

6时30分，火箭升空。大约飞行10分钟后，飞船与运载火箭成功分离，准确进入预定轨道。在绕地球正常飞行了20个小时后，北京指挥中心下达"调姿开始"的调度口令。当指令传到船上统一测控系统机房时，显示屏上一串串数字符号不断地跳动，有关飞船调姿态、轨道舱分离和返回制动的一系列遥控指令，已经顺利地送上了飞船。

但当到了飞船即将返回的最后三圈时，按照计划应该对飞船注入返回指令，可此时却无论如何也得不到飞船的回音。对飞船注入指令，只能利用飞

"神舟1号"飞船发射

船绕地每一圈的飞行中，飞到中国上空的那段短暂的时间。如这时地面指挥中心的指令注入不上去，在那么飞船将会偏离预定的着陆点。飞船绕过的最后一圈，控制系统建立了一个稳定联系所应具备的注入条件，大约两分钟之内，把所有数据送达至飞船上。

21 日凌晨 3 时，"神舟 1 号"顺利完成了返回地面的准备工作，并已进入返回轨道。飞船划过太空，进入距地面只有 80 千米的大气层，正以每秒约 7.5 千米的惊人速度与大气层产生剧烈的摩擦。当下降至 40 多千米高度时，船体外部产生等离子壳，形成电磁屏蔽，致使地面与飞船通信暂时中断。

进入大气层后，"神舟 1 号"按预定指令，依次打开引导伞、减速伞和主伞，徐徐下落。当飞船距地面 30 千米时，操作员果断地发出了打开电源开头的指令。随后，主伞自动抛落，着陆缓冲发动机在距地面仅 1.5 米高的一刹那点火，进一步减速，飞船安全地着陆，飞行取得了圆满成功。

布鲁诺被烧死之谜

布鲁诺是意大利人，他自幼好学。布鲁诺本来是个虔诚的天主教徒，但他一接触到哥白尼的《天体运行论》后，便摒弃了宗教思想，只承认科学真理，并为之奋斗终生。而且，他大大丰富和发展了哥白尼学说，提出了宇宙无限的思想：宇宙是统一的、物质的、无限的和永恒的。在太阳系以外，有以无数计的天体世界。人类所看到的只是无限宇宙中极为渺小的一部分，地球只不过是无限宇宙中一粒小小的尘埃而忆。布鲁诺指出，千千万万颗恒星都如同太阳那样巨大而炽热，它们的周围也有许多像地球这样的行星，行星周围又有许多卫星……

由于对这些在当时人们看来非常异端的天文知识进行宣传，布鲁诺成了宗教的叛逆，不得不长期逃亡于欧洲各国。1592 年初，布鲁诺落入了教会的圈套，被捕入狱。

G. 布鲁诺

在宗教裁判所里，教会向他许诺："只要你公开宣布放弃日心说，就免你一死，并且给你足够的生活费让你安度晚年。"布鲁诺说："你们不要白费力气了，我是不会为了讨好罗马教皇而说谎的。"自此之后，布鲁诺度过了长达八年的监禁生活，其间倍受折磨，并最终被判处火刑。

　　布鲁诺被绑在罗马鲜花广场中央的火刑柱上，此时此刻，他仍然没有屈服。行刑前，布鲁诺庄严地宣布："黑暗即将过去，黎明即将来临，真理终将战胜邪恶！"之后，52 岁的布鲁诺在熊熊烈火中英勇就义。

　　随着科学的发展，布鲁诺的学说被证明是正确的。到了 1889 年，罗马宗教法庭不得不亲自出马，为布鲁诺平反并将其名誉恢复了。同年 6 月 9 日，在布鲁诺殉难的罗马鲜花广场上，人们竖立起他的铜像，以作为对这位为真理而斗争、宁死不屈的伟大科学家的永久纪念。

伽利略之死

　　1597 年，伽利略收到了开普勒赠阅的《神秘的宇宙》一书，开始相信日心说，承认地球有公转和自转这两种运动。1604 年，天空出现超新星，亮光持续了 18 个月之久。伽利略便趁机在威尼斯作了几次科普演讲，宣传哥白尼的学说。由于伽利略讲得异常精彩，听众逐次增多，最后竟达千余人。1615

伽利略

年，一些教士集团控告伽利略违反基督教教义，教皇下达了"1616年禁令"，禁止伽利略以口头或文字的形式保持、传授或捍卫日心说，公开压制伽利略。

1624年，伽利略第四次去罗马，试图说服一些大主教，但却没有取得丝毫结果。此后的6年间，他撰写了《关于托勒密和哥白尼两大世界体系对话》一书。此书终于在1632年出版了，但是出版后6个月，罗马教廷便勒令停止出售，认为作者公然违背"1616年禁令"，问题严重，亟待审查。1633年初，年近七旬的伽利略在严刑威胁下被审讯了三次，但是他坚持不招供。

由于教会拿不出充足的证据说明伽利略是"异端犯"，只好把他判为"异端嫌疑犯"。判词中说：伽利略有重大异端嫌疑，应该被判处火刑。只有放弃错误和邪说，在我们面前，真心诚意地按照给你指定的方式，拒绝、诅咒、痛恨错误和邪说，我们才允许你免受火刑。为了免于被火烧死，伽利略不得不当众诵读了悔过书。1633年的判决以后，伽利略永远失去了自由。

1642年，伽利略病逝。随着科学的不断发展，罗马教廷不得不先在1882年承认了哥白尼的日心说，又在1979年承认了在300多年前迫害伽利略是个严重的错误。

遭太阳耀斑"陷害"的布鲁克

第二次世界大战时，有一天，德国前线的战事吃紧，身为后方司令部的报务员布鲁克，正在繁忙地操纵无线电台，传达命令。突然，布鲁克耳机里一点声音都没有了。他急忙检查机器，却见电台完整无损，用手去拨动旋钮，改变频率，仍然毫无作用，没有声音。就这样，不知道什么原因，电台一直没有办法使用。这样导致的结果就是，前线群龙无首，陷入一片混乱中，战

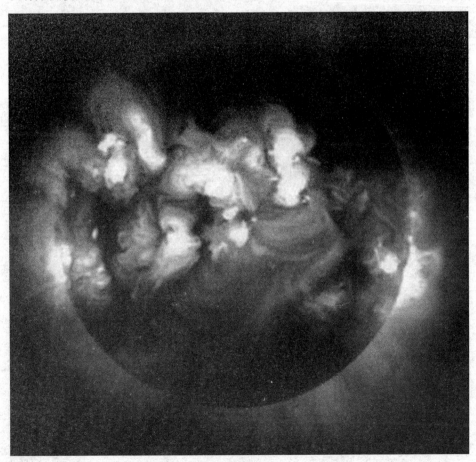

太阳耀斑

役以失败而告终。因此布鲁克受到军事法庭审判，并被判处死刑。他仰天呼喊："冤枉！冤枉！"其实，这次无线电中断，"罪魁祸首"是太阳耀斑，只不过当时人们并不是很了解太阳耀斑。

太阳耀斑其实是一种非常剧烈的太阳活动，它的主要特征有：太阳的表面突然出现闪耀的亮斑，仅在几分钟到几十分钟之间，亮斑的亮度急速上升，但是下降却较慢。1859 年 9 月 1 日上午 11 时，卡林顿在观测太阳时，首先发现了这一现象。卡林顿起初不大相信自己的眼睛，怀疑是望远镜出了毛病，于是将同伴请来观测闪光的变化，这时那明亮的光斑已经暗淡下去，过了大约 5 分钟，连一点痕迹都没有了。

科学家们说，别看耀斑只是一个亮点，一旦出现就是一次惊天动地的大爆发。这一个亮点，释放的能量相当于 10 万至 100 万次火山爆发的总能量，或相当于上百亿枚氢弹的爆炸。

耀斑也会极大地影响地球空间环境。耀斑爆发时，将会严重危及宇宙飞行器内的宇航员和仪器的安全。当耀斑辐射来到地球附近时，无线电通信尤其是短波通信，以及电视台、电台广播都会受到干扰甚至信号中断。德国的军用无线电台就是因为耀斑而中断，所以说布鲁克死得太冤了。